初学者の統計学
実践 ②

田畑 吉雄 著

現代数学社

まえがき

　統計学はバラツキを対象とする学問領域で，バラツキがなければ統計学者などは存在価値がないといえよう．しかし，幸いなことに自然界や人間社会にはバラツキは不可避である．とくに最近，個性の尊重や多様化が声高く叫ばれている状況では，バラバラの中に潜む真理や集団的性質をいかにして取り出し，そのメカニズムを解明するかが科学者に課せられた重要な課題である．このように，混沌の中から意味のある情報を探り出す科学的方法を提供するのが統計学である．

　本書は統計学の初歩的な考え方を積分を使わずに理解することを目的に書かれたものである．大学の教養レベルや統計を専門としない学部の学生，さらに，将来，統計学をオペレーションズ・リサーチ，品質管理，計量経済学，計量心理学などの分野に適用しようとしている人々を対象にしている．内容的には筆者が大阪大学工学部や経済学部で行なった講義をもとにして，我が国やアメリカで広く使用されている類書と同じ標準的な構成になっている．最近では統計学の書物は国の内外を問わず，極めて多く出版されており，その中には名著の誉れの高いものも幾冊かみられる．このような状況で，浅学な著者がこの書物を世に出すことは，屋上にさらに屋を重ねる愚行をなし，有限資源である紙パルプの無駄使いであることは事実である．

　しかし，現在，我が国で統計学の専門家と呼ばれておられる老大家の多くは，数学くずれか，数学者そのものか，さらにひどい場合には，平均値しか使わない非科学的な社会統計学者であるといっても過言でない．非科学的な社会統計学者は論外としても，統計学において数学的な厳密性をことさら重要視し，統計学の本来の目的である応用にはほとんど目を向けない大家が大部分である．教養レベルや初学者を対象にした書物でも積分の計算ばかりして，興味の芽を摘んでいる場合が多くみうけられる．

　そこで，本書では数値例をできるだけ数多く用いて説明し，推測統計学の考え方を高度な数学を使わずに理解できるように構成したつもりである．説明の都合上，数値例に使われているデータは人工的に作成したもので，実測値でない点をお断わりしておく．

昭和60年11月

も く じ

1. 統計的方法 ································ 1
1.1. 記述統計と推測統計 ···················· 1
1.2. 母集団とサンプル ························ 2
1.3. ランダム・サンプリング（無作為抽出） ···· 4
練習問題 1 ·································· 6

2. データの整理 ····························· 8
2.1. データの種類 ····························· 8
2.2. データの図示 ····························· 9
2.3. 代表値 ··································· 12
練習問題 2 ·································· 17

3. 偶然事象と確率 ························ 19
3.1. 確率 ····································· 19
3.2. 互いに排反な事象 ······················ 22
3.3. 独立な事象 ······························ 24
3.4. 確率変数 ································ 25
練習問題 3 ·································· 27

4. 母集団と種々の分布 ··················· 29
4.1. 母集団分布 ······························ 29
4.2. 母数と統計量 ···························· 31
4.3. 離散分布 ································ 33
4.4. 連続分布 ································ 37
練習問題 4 ·································· 38

5. 正規分布とその応用 ··················· 40
5.1. 正規曲線 ································ 40
5.2. 正規分布表とその利用法 ··············· 41
5.3. 一般の正規分布 $N(\mu, \sigma^2)$ ·············· 44
5.4. 二項分布の正規近似 ···················· 46
練習問題 5 ·································· 47

6. 母数の推定 ··· 49
- 6.1. 統計的推測 ··· 49
- 6.2. 推定の問題 ··· 50
- 6.3. サンプルの平均の分布と区間推定 ··· 53
- 6.4. 離散分布の母数の推定 ··· 59
- 練習問題 6 ··· 61

7. 仮説検定 ··· 62
- 7.1. 仮説検定の考え方 ··· 62
- 7.2. 帰無仮説と対立仮説 ··· 63
- 7.3. 決定のルール ··· 65
- 7.4. 第1種と第2種の過誤 ··· 71
- 練習問題 7 ··· 73

8. Student の t 分布 ··· 75
- 8.1. t 分布 ··· 75
- 8.2. t 分布の自由度と分布表 ··· 77
- 8.3. 母分散が未知な場合の母平均に関する推論 ··· 79
- 練習問題 8 ··· 84

9. カイ二乗分布 ··· 86
- 9.1. χ^2（カイ二乗）分布の作り方 ··· 86
- 9.2. χ^2 分布の応用 ··· 89
- 練習問題 9 ··· 97

10. 分散の解析 ··· 98
- 10.1. F 分布 ··· 98
- 10.2. 分散に関する検定 ··· 100
- 10.3. 分散分析 ··· 103
- 10.4. 分散分析の数理的説明 ··· 110
- 10.5. Scheffe の検定と各水準の母平均の推定 ··· 111
- 10.6. 二項分布の母数の推測 ··· 114
- 練習問題 10 ··· 117

11. 相関と回帰 ··· 118
- 11.1. はじめに ··· 118
- 11.2. 相関係数 ··· 123
- 11.3. 誤差の分解 ··· 124
- 11.4. 回帰分析 ··· 128

 11.5. 回帰式の信頼区間 ……………………………………132
 11.6. 相関に関する推定と検定 ………………………………134
 練習問題 11 ……………………………………………………138

12. ノンパラメトリック検定 …………………………………140
 12.1. 順位データの解析 ………………………………………140
 12.2. 符号検定 …………………………………………………141
 12.3. Wilcoxon の順位和検定 ………………………………143
 12.4. 順位相関 …………………………………………………145
 練習問題 12 ……………………………………………………148
 練習問題解答 ………………………………………………149
 数表 …………………………………………………………164
 さくいん ……………………………………………………175

1. 統計的方法

現代広く用いられている統計的方法は，記述統計と呼ばれる分野と推測統計と呼ばれる分野の2つに大別できる．この本では推測統計を中心に説明するが，そのための準備として本章と次章では記述統計についても簡単に触れておこう．

1.1. 記述統計と推測統計

「統計」という言葉は記述統計と推測統計という2種類の意味を含んでいるが，われわれを取り巻く社会で統計といえば，昨年1年間の交通事故の件数，過去10年間の工業製品の輸出額の推移，各官庁が発表する種々の官庁統計などある種の数値的事実（データ）やグラフを指すのが普通である．このような統計のことを**記述統計**と呼ぶ．もう少し一般に，多くのデータを集めてその結果を表やグラフで表わしたり，それらのデータの合計や平均，パーセントなどを求めて大量のデータを要約した少数個の数値で表現する作業も記述統計である．高等学校で確率・統計を選択された方々を除き，読者の多くが数学や社会科を中心に学習されてきた種々の統計やそれを棒グラフ，円グラフなどで表現したものもすべて記述統計である．また，社会統計や経済統計の古典的理論は記述統計が基礎になっていることが多い．このように，記述統計は広く用いられており，この本の主な対象である1920年代生まれの**推測統計**よりもずっと歴史的にも古い．さらに，記述統計は大量のデータ（大標本）を対象とし，古典的統計学の主要な柱となっている．一方，1920年代に英国のフィッシャー (R. A. Fisher) が農事試験に実験計画法を導入して以来，少数個のデータ（小標本）を用いて不確実な状況で合理的な意思決定を行なうための基礎として推測統計が重要視されるようになった．推測統計は小標本を対象とし，近代統計学の骨格となるものであるが，その発達の背景には大量生産と消費，大規模通信の実現などを基盤とした現代資本主義の台頭とそれに伴う巨大企業の出現を忘れる

わけにはいかない．その結果，企業経営上の計画や管理を不確実性のもとで合理的に行なう要請が急速に強くなったのである．さらに，経験や直観によって物事を判断するのではなく，科学的方法と数量的方法にその根拠を見い出そうとする現代社会の合理主義的精神，近代科学の実証主義も推測統計の発展の上で見過ごすことのできない要因であろう．

このように述べると推測統計の方が記述統計よりもはるかに高度な理論で，さらに，新しい学問分野のように聞こえるが，必ずしもそのように断言できるわけではない．最近のコンピュータの飛躍的な進歩と，実験や歴史の流れにそった観測によって各種の情報が大量，安価に獲得，処理できるようになり，再び記述統計の必要性が叫ばれるようになったからである．すなわち，30数年前までは数値計算の膨大さから顧みられなかった多変量解析という統計学の分野の研究がコンピュータと共に急速に進み，大量のデータを縮約して意味のある情報を取り出すことが可能となり，ここに再び記述統計の精神が認識されるようになったからである．この意味で，現代は2つの分野が統計学の最重要な2本柱であると考えられる．この本では多変量解析については触れずに，もっぱら推測統計を中心に話題を進めていくことにする．すなわち，合理的な意思決定を行なうためには，どのような情報をどの程度必要とするか．そのとき，どのような結論を引き出すことができ，その結論はどの程度信頼できるのか，などについて学んでいこう．

1.2. 母集団とサンプル

前節で述べた記述統計も推測統計も共にその対象とするのは何等かの集団に関する情報であり，集団を構成している個々の要素のもつ情報ではない．「ある工場から吐き出されている煤煙がどの地域住民の健康に影響を与えているか」という問題を解決したいとき，煙突から吐き出される煙を観察して，「東の方に流れている」という形の情報が重要で，煙を構成している個々の粒子の複雑な3次元的運動はそれほど重要ではない．また，2つの産業のサラリーマンの賃金格差を問題とするときには，各産業の1人1人の賃金よりも2つの産業の平均賃金がどの程度差があるかの方が有効な情報であろう．このように統計学では集団（グループ）のもつ種々の特性を問題とし，集団を構成する個々の要素の特性自体はあまり問題としない．ただし，集団の特性を解明するためにその一部の構成要素の特性を観察，調査することは常に行なう作業である．この

集団のことを**母集団**(population)と呼び，観察，調査される構成要素を**サンプル**(sample)または**標本**と呼ぶ．そして，サンプルを構成する要素の数を**サンプルの大きさ**という．n個のデータ$\{x_1, x_2, \cdots, x_n\}$を母集団から取り出せば，これは大きさ$n$のサンプルであると呼ばれる．以上のことから，母集団とはある質問や問題を解決するのに必要な情報を有している個体（または対象）から構成された一定の集団であり，サンプルとは母集団に関する情報を集めるために調べられる（比較的少数の）母集団の一部を指す．例えば，問題によっては2002年の東京都の選挙人名簿に登録されている住民全体が母集団のこともあるし，2001年の大阪市の小学校教員の年収が母集団に取られることもある．また，ある工場で生産される製品の不良品の割合（不良率）が問題になる場合には，単位時間に生産された製品の全体（品質管理ではこれをロットと呼ぶ）が母集団で，検査のために抜き取られた製品がサンプルである．

上に述べたように統計学の主な目的は，母集団の一部に関する情報（サンプル）に基づいて元の母集団の性質を探り，合理的な意思決定を行なうことである．この場合，サンプルは母集団を代表するように選ばれた比較的小さなグループであり，このグループをもとにしてより大きなグループである母集団の性質を考察するのが統計学である．従って，サンプルを取る場合には取られたサンプルが母集団の真の姿をできるだけ表わし，しかも取り出されたサンプルに確率論の諸結果が適用できるように工夫する必要がある．この考え方はコックが大きな鍋の中にあるスープの味を調べるのに，よくかきまぜてシャモジで一部（サンプル）を取り出し，取り出した一部のもので鍋全体（母集団）の味を推測する状況と同じである．

このように統計家が注目するのは母集団全体としての性質であり，その性質を推し量るのにサンプルを取るのである．そこで，以下では与えられた統計的な問題を解決していく一般的な順序を5つのステップに分けて述べておこう．

(1) 母集団の設定 答えを知りたい質問を定め，その質問の対象となる母集団を規定する．この作業はデータを集める以前に注意深く計画しておかなければならない．

(2) 実験（観測）対象の決定 母集団を構成している全要素に対して実験を実施する（全数調査）のか，母集団の一部の要素について実施する（サンプル調査）のかを定める．そのためには（破壊検査かどうかというような）実験の性質，

対象となる母集団の大きさ，費用，時間などを考慮しておく必要がある．全数調査を実施するときには必要な統計的手法は記述統計であり，結果（データ）を表やグラフで表現し，データの中心的傾向と広がり具合を2つの数値を用いて要約すればよい．サンプル調査の場合には取られたデータに基づいて母集団の性質を推測しなければならない．

(3) 結果を判断する基準の設定　どのようなデータをどのような手段で集めるかを定め，種々の計算を行なった後に得られる結果をどのような基準で解釈するかを予め定めておく．

(4) サンプリングの実施　定められた方法で母集団からサンプルを抽出する．

(5) 結論の導出　サンプルに基づいて得られた結果を分析し，結論を引き出し，行動をおこす．さらに，その結論がどの程度信頼できるかも推定しておく．

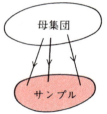

（図1.1）　**母集団とサンプル**

1.3. ランダム・サンプリング（無作為抽出）

　母集団の統計的な性質を調べるためには，全数調査の場合を除き母集団をうまく表現するようにサンプルを取る必要がある．その場合，具体的にどのようにすればよいかを考えてみよう．母集団が完全に均質なら母集団を構成するどの要素をサンプルとして選んでもよい．例えば，血液中の白血球の数を知りたいときにはこの仮定が満足されている．しかし，女子大生の妊娠率を調査したいときに，産婦人科医院を訪れる女子大生ばかりをサンプルとして選んだのでは無意味なことは明らかであろう．このように，サンプルを選ぶ場合には実験者の都合で定めるのではなく，客観的に選ぶべきである．その方法を理論的に扱ったものがサンプリングと呼ばれている．通常よく採用されるのはランダ

ム・サンプリングである．

> **（定義1.1）** **ランダム・サンプリング**とは母集団に含まれる各要素が同じ割合で選び出されるようにサンプルを取る方法であり，そのような選び方を「ランダムに取る」という．

　ランダムに取られたサンプルに基づいて母集団の性質を論じる場合には，確率の理論が簡単に適用できるという長所があるためランダム・サンプリングは広く用いられている．具体的には，例えば，100人の学生から10人のサンプルをランダムに選ぶには次のようにすればよい．100人の名前を書いたカードを箱に入れ，よくかきまぜて，目を閉じて（このような状況を無作為とかランダムにとかいう）10枚を引き出せばよい．これと原理的には同じであるが次のようにすればもっと便利である．各学生に00から99までの2桁の番号を付けておき，乱数表から10個の2桁の数字を選んでもよい．ここで，**乱数表**とは00から99までの100個の数字を別々のカードに書き，箱の中に入れてよくかき回した後，ランダムに1枚のカードを取り出し，その数字を書きつらねたものである．そして，このカードを元に戻して，また，よくかき回し，1枚を取り出すという方法で表が作成されている．

　サンプリングの方法としては，いま取り出したサンプルを母集団に戻す**（復元抽出）**か，戻さない**（非復元抽出）**かの2通りが考えられる．復元抽出では同じものが2度以上選ばれる可能性があるため，現実には非復元抽出が採用されることが多い．例えば，面接調査では同一人物に2度もインタビューすることはないし，医師がある薬の効果（薬効）を調べる場合には同じ患者に2度もその薬を投与することは不可能である．そのため，通常は同じような症状を示す患者2名に独立に投与して結果を得ている．この場合，母集団が非常に多数の要素で構成されているときには，復元抽出でも非復元抽出でも同じ式を用いて種々の計算を実行できるが，母集団が少数の要素しか含まないときには非復元抽出の方が複雑な式になることが知られている．

　上述のようにランダム・サンプリングは単純であり，理論的な取り扱いにも適しているが，カードに名前を書いたり，番号を付けたりした後に乱数表を利用していたのでは時間と費用が掛かり過ぎるという欠点がある．例えば，その手間の莫大さは日本中の有権者から1万人を選び出す状況を想定すれば明らかであろう．そこで，現実には少し大規模なサンプルを取る場合には，単純なランダム・サンプリングではなく層別サンプリング，クラスター・サンプリング，系統的サンプリングと呼ばれる方法が適用される．ここではそれらについて簡

単に述べておこう．

（定義1.2） 層別サンプリングとは，母集団を共通の特性を持つ層に分割し，各層内でランダム・サンプリングを行なう方法である．

例えば，有権者の支持政党に関する世論調査を行ないたいとき，性別によって明らかに支持政党が異なることが予め分かっているとしよう．有権者全体を1つの母集団としてランダム・サンプリングをせずに，母集団を構成している有権者の男女比を調べ，それが55：45ならば，55％の男性と45％の女性という2つの層に分割し，各層内でランダム・サンプリングを行なえばよい．

次のクラスター・サンプリング（集落サンプリング）は層別サンプリングにおいて，層が東京都とか山口県のように地理的な範囲として取られた特別な場合である．

（定義1.3） クラスター・サンプリング（集落サンプリング）とは，母集団を地理的なクラスターに分割し，あるクラスターをランダムに選び出す．次に，選ばれたクラスターでランダム・サンプリングを行なう方法である．

（定義1.4） 系統的サンプリングとは，母集団から系統的にサンプルを選び出す方法である．

この方法は単純であるからしばしば用いられている．例えば，名簿の10番目毎とか交差点から3番目の家のようなサンプリングの仕方である．系統的サンプリングを用いて400人の学生から30人のサンプルを選ぶには，名簿でランダムに出発点を定め，その点から30名になるまで13番目毎の学生を選び出せばよい（400/30≒13）である．

練習問題　1

1. 次の各サンプルに対する母集団を求めなさい．
   (1) 2つのサイコロを500回投げたとき出た目の和
   (2) 1か月間観測した毎日の証券の総取り引き額
   (3) ある工場で製造された何足かのパンティストッキングの寿命
   (4) キャバクラで働いている数人のホステスの月収
   (5) センター試験を受験した5000人の得点

2. 私の住んでいる町内の20才以上のサラリーマン50人に面接した結果，所得税を現在の半分にすべきであると答えた人は70％であった．従って，我が国のサラリーマンの過半数が税金を半分にすべきであると考えている．この文章を読んで次

の問いに答えなさい．
    (1)   母集団とサンプルはどれですか．
    (2)   サンプリングの方法について議論しなさい．
3. 次のサンプリングのうちでランダムサンプリングでないものと，その理由を述べなさい．
    (1)   ある新聞社は国民の支持政党を調査するために，1つの郵便番号で表わされる地域内の住民から1人ずつサンプルを選び，質問表を送った．
    (2)   ある有名なガン研究センターで研究している医師が肺ガンの特効薬を開発した．その効果を調べるために，第3期の肺ガン患者の内で希望者にその薬を投与し，希望しなかった患者には比較のために疑似薬を与えて結果を観測した．
    (3)   わが国の将来のエネルギー問題について調査するために，大きさ50のサンプルを取ることにし，電話帳を利用してランダムにページと番号を選び，昼間に順番に電話を掛けて，ちょうど50人分の解答が得られるまでサンプリングを続けた．
    (4)   機械部品の製造工場では品質管理を行なうために，製造された部品を100個ごとに検査することにしている．
    (5)   文部科学省では過去5年間に博士号を修得した研究者が書いた論文の数を調査するために，過去5年間に博士号を修得した研究者すべての質問状を発送し，返送された解答をもとにしてその数を推定することにした．

2．データの整理

　サンプリングの結果，得られたデータに基づいて母集団の統計的な性質を論じるためには，データを見やすい形に要約・整理する作業が出発点になる．データを要約・整理すれば母集団に関する予備的な情報を得ることができる．予備的情報を得るために通常 100 から 200 個位のデータが取られる．その整理の仕方はデータの種類や性質にうまくマッチしたものでなければならない．

2.1. データの種類

　統計的な実験や観測の結果得られる数値的事実（データ）には種々のタイプがあるが，通常はカテゴリーデータ，順位データ，計量データの 3 つに分類されることが多い．

(1) カテゴリーデータ　　観測対象（以下では個体と呼ぶこともある）を何等かの属性によって分類し，適当なカテゴリーやグループに属する個体の数（度数と呼ぶ）を問題とする際に得られるデータのタイプである．この場合，各個体は唯 1 つのカテゴリーに属していなければならず，2 つ以上のカテゴリーにまたがって属すことはできない．

　(例 2.1)　　O 大学の 2003 年度の新入生の性別を調べると次のようなタイプのデータが得られた．

性　別	学生数
男　子	2021 人
女　子	702 人

この例ではカテゴリーは（男子，女子）である．

　(例 2.2)　　O 大学の 2003 年度の新入生 2723 名の出身地

出身地	北日本	関東	中部	近畿	中国・四国	九州	その他
学生数	21	67	340	1614	420	197	64

(2) **順位データ**　　与えられたデータの大小関係，上下関係などの順位のみが意味をもつ場合のデータであり，カテゴリーの間に順序が付けられるタイプのものである．例えば，3人の女性 A，B，C に対して美しさの順位を付けると B，A，C であったとしよう．B は A と C よりも美人であることは明らかであるが，どの程度の美人なのかはわからない．このように，順位データでは B － A とか A － C のような順位間の差や間隔が全く意味をもたない．ワインの甘口，辛口などの分類データも順位データである．

(3) **計量データ**　　データが何等かの量的な尺度によって数値として表現されている場合に，そのデータのことを計量データと呼び，$x_1, x_2, \cdots, x_n$ で表わす．例えば，重さ，長さ，時間など通常われわれが最もよく用いるタイプのデータである．

　このようなデータの性質を基礎にした分類以外によく用いられるのは，時間の流れとともに逐次観測して得られる時系列データ (time series) と，1時点のみの観測の結果得られる横断面データ (cross section) である．例えば，大阪における1年間 (365個) の最高気温のデータは時系列データであるのに対して，1943年2月26日の全国各地の最高気温のデータは横断面データである．この本では主に横断面データの分析に注目する．

2.2. データの図示

　対象としている母集団や母集団から取り出されたサンプルの統計的性質を見るためには，データを単なる数値の羅列として観察するよりも表や種々の図（グラフ）を描いた方が直観的イメージを捉えやすい．表の場合はもちろんのこと，グラフを書く場合にもタイトルを付けておくべきで，さらに，意味があればデータが取られた日時や，引用したときにはその出典も明記しておくべきである．以下ではよく使われるデータの表示法を説明しておこう．

(1) **棒グラフ (bar charts)**　　このグラフはカテゴリーデータに対して用いられる．通常，カテゴリーを横軸にとり，各カテゴリーに属する個体の度数，

比率，パーセントなどを縦軸にとる．さらに，棒の幅は等しくとり，各棒の間は間隔をあけておく方が見やすい．次の図は（例2.2）のO大学の新入生の出身地に関するデータを棒グラフで表わしたものである．

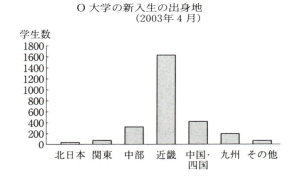

(2) 円グラフ(pie charts)　　このグラフもカテゴリーデータを図示するために用いられ，円の中心角の大きさでカテゴリーに属する個体数を表わした図形である．円の中心角は360°であるから，各カテゴリーに属する個体数の相対度数に360を掛けた角度を取ればよい．

（例2.3.）　（例2.2）のO大学の新入生の出身地に関するデータを円グラフで表わすと次のようになる．

出身地	学生数	相対度数	中心角(度)
北日本	21	0.007712	2.77635
関東	67	0.024605	8.857877
中部	340	0.124862	44.95042
近畿	1614	0.592729	213.3823
中国・四国	420	0.154242	55.52699
九州	197	0.072347	26.0448
その他	64	0.023503	8.461256

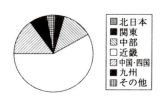

(3) 度数分布(ヒストグラム)　　度数分布は計量データに対して用いられ，上述の棒グラフと類似したグラフであるが，棒グラフのように各棒が離れていない．横軸には計量データの値が取られ，右へ行くほどその値が大きくなっている．度数分布を書くにはサンプルを構成しているデータに注目して，最大と最小の間を幾つかのクラス（10——15位が適当）に分け，各クラスに属するデータの個数 f_i （度数）を調べ，度数表を作成する．この度数表のクラスと度数とをグラフ化したものが**度数分布**であり，クラスと累積度数とをグラフ化したも

のが**累積度数分布**である.また,度数分布の各クラスの中点を順次直線で結ぶことによって得られる折れ線を**度数多角形**と呼ぶ.

なお,データの総数が変化すればそれに応じて各クラスに属する度数もまた変化し安定性に欠けるため,各クラスの度数を総数で割った相対度数を用い,相対度数分布や累積相対度数分布を利用することも多い.

度数分布は主に母集団からのサンプルに対して描かれることが多いが,母集団自体の度数分布も考えることができる.この場合,両者の形は異なるのが普通である.

(**例 2.4**) 次の表はある大学の女子学生 100 人をランダムに選び,バストを測定した結果を度数表にまとめたものである.この表をもとにして(相対)度数分布,累積(相対)度数分布および度数多角形を書くと以下のようになる.

度 数 表

クラス	度数	相対度数	累積度数	累積相対度数
〜55 cm	1	0.01	1	0.01
55.1〜60	1	0.01	2	0.02
60.1〜65	2	0.02	4	0.04
65.1〜70	4	0.04	8	0.08
70.1〜75	14	0.14	22	0.22
75.1〜80	36	0.36	58	0.58
80.1〜85	34	0.34	92	0.92
85.1〜90	5	0.05	97	0.97
90.1〜95	2	0.02	99	0.99
95.1〜	1	0.01	100	1.00

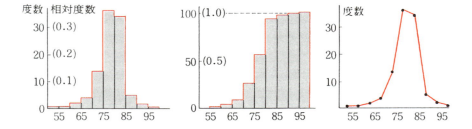

(**例 2.5**) 次の図は平成 15 年度のセンター試験の英語の全受験者 551,891 人の得点の分布(母集団の度数分布)である.

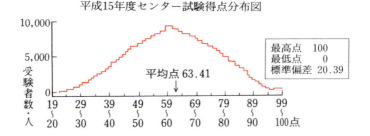

2.3. 代表値

　サンプルや母集団の概要を直観的に視覚によって捉えるためには，前節で導入したグラフ化が最も適切な手段であるが定量的な扱いに少し不向きである．そこで，サンプルの状態，すなわち，度数分布をうまく表現するような少数の数値を定義しておき，その数値をデータから計算すればよい．このようにデータから計算される種々の数値を**代表値**と呼び，とくにデータがサンプルから取られている場合には**統計量**（statistic），データが母集団全体を表わしている場合は**母数**と呼んで区別する．代表値の中でも各種図形の中心的傾向と広がり具合を表わす量がわかれば，非常な情報になる．

(1) 中心的傾向　　度数分布をはじめとして種々の図形の中心がどの位置にあるかは，その図形を語る上で極めて重要な情報になる．このような中心的傾向を与える統計量はデータのタイプに応じて幾つか使い分けられているが，モード，メディアン，および平均値が一般的である．

　a）モード（最多値） M_0 :　　モードとは最も頻繁に生じるデータであり，カテゴリーデータの中心的傾向を表わす唯一の統計量である．また，計量データに対するモードは度数分布で最もデータ数の多いクラス（ヒストグラムが最高のクラス）である．

　（例2.6） T大学の新入生から15名をランダムに選び，高等学校時代の英語の成績（5段階評価）を尋ねた結果が次の通りであった．
　　　3, 5, 5, 4, 3, 4, 4, 2, 4, 3, 3, 4, 5, 2, 4
4が6回現われ，他の評点よりも多いから，$M_0=4$ である．

　（例2.7） ある病院の1日の外来患者210名の病名を分類すると次のようになった．

呼吸器系	消化器系	循環器系	その他
38	69	55	48

消化器系の病気が69人で一番多いから，モードのカテゴリーは消化器系である．

b) メディアン（中央値） M_e ： データを大小順に並べたとき，中央のデータをメディアンと呼ぶ（データ数が偶数個のときには中央の値2個の算術平均をとる）．従って，この統計量は順位データか計量データに対して用いることができるが，カテゴリーデータには適用できない．

（例2.8） 10個のデータ 1, 7, 8, 10, 12, 15, 17, 23, 24, 29
の中央のデータは12と15の間にあると考えられるから，$M_e=13.5$ である．

この例のように，M_e はデータの1つに必ず一致するとは限らない．

c) 平均値 $\overline{X}$ ： 平均値とはデータの総和をデータ数で割った数であり，計量データにのみ用いることができる．平均値を表わす記号は，母集団の平均値（母平均）にはギリシャ文字の μ，サンプルの平均には $\overline{X}$ を用いる．なお，大きさ n のサンプル $\{x_1, x_2, \cdots, x_n\}$ の平均 $\overline{X}$ は

$$\overline{X}=\frac{1}{n}(x_1+x_2+\cdots\cdots+x_n)=\frac{1}{n}\sum_{i=1}^{n}x_i$$

で計算される．なお，データが k 個のクラスからなる度数表の形に整理されているときには，各クラスの中央の値（階級値）を $a_1, a_2, \cdots, a_k$ とし，各クラスに属するデータ数（度数）を $f_1, f_2, \cdots, f_k$ とするとき

$$\overline{X}=\frac{1}{n}\sum_{i=1}^{k}a_if_i=\sum_{i=1}^{k}a_i\left(\frac{f_i}{n}\right)=\sum（階級値）\times（相対度数）$$

で計算する．また，最近では電卓が簡単に使用可能であるためにそれほど苦にはならないが，データの桁数が大きい場合やデータ数が多い場合には計算が複雑で間違いを犯し易いため，次のような変換を施してから計算を進めた方が利口である．すなわち，各データから仮平均と呼ばれる一定数 x_0 を減じ，さらに，一定数 h を乗じて

$$\overline{X}=x_0+\frac{1}{n}\left[\sum_{i=1}^{n}\{(x_i-x_0)h\}\frac{1}{h}\right]$$

のような関係式を使えば便利である．

（例2.9） 5個のデータ 0.2613, 0.2598, 0.2601, 0.2619, 0.2681 の平均値を求めるためには，$x_0=0.2600, h=10,000$ として

x_i	$x_i - 0.2600$	$(x_i - 0.2600) \times 10{,}000$
0.2613	0.0013	13
0.2598	-0.0002	-2
0.2601	0.0001	1
0.2619	0.0019	19
0.2681	0.0081	81
	計	112

$$\overline{X} = 0.2600 + (112/5)(1/10{,}000) = 0.2600 + 0.00224 = 0.26224$$

となる．

(2) 広がり具合（散布度）

図形の性質を考える際に，中心の位置以外のもう1つの重要な尺度として，その図形がどの位の広がりをもつかという点を忘れるわけにはいかない．例えば，「ハワイと東京の年平均気温はほとんど同じである」という情報が与えられたとき，東京がハワイと同じように快適であると言えるだろうか．ハワイは年中23°C前後の一定値であるのに対して東京は0°Cから36°Cの間を変動しており，両者の気温は1年の大部分異なっている．また，2組のデータ

$$X = 0, 30, 50, 50, 70, 100$$
$$Y = 40, 50, 50, 50, 50, 60$$

を比較すれば，モード，メディアン，平均値はすべて50で相等しいのに，その数値には極端な違いがある．すなわち，これらの例は中心からの広がり具合（散布度）が異なるのである．このような広がり具合を表わす尺度は主に計量データに対して考えられるが，以下でその幾つかを紹介しておこう．

a) 範囲 : 観測データの最大のものと最小のものとの差を範囲という．すなわち，n 個のデータ $\{x_1, x_2, \cdots, x_n\}$ を小さいものから順に並べて $x_{(1)} \leq x_{(2)} \leq \cdots \leq x_{(n)}$ とするとき，範囲 R は $x_{(n)} - x_{(1)}$ で与えられる．

b) 分散 : 範囲は両端のデータのみで定まったが，すべてのデータを考慮した分布の広がりの尺度を与えておこう．この尺度は分散と呼ばれ，各データが近いときには小さく，広い範囲にちらばっているときには大きくなるという特徴をもっている．母集団の分散（母分散）を表わすのにはギリシャ文字の σ^2，サンプルの分散を表わす場合にはローマ文字の V を用いてそれぞれ次のように定義される．

N 個の要素からなる有限母集団の母分散 σ^2 は

$$\sigma^2 = \frac{1}{N} \sum_{i=1}^{N} (x_i - \mu)^2$$

大きさ n のサンプルの分散 V は

$$V = \frac{1}{n-1} \sum_{i=1}^{n} (x_i - \overline{X})^2$$

ただし, $\overline{X}$ はサンプルの平均 $\sum_{i=1}^{n} X_i / n$ である.

(書物によっては $n-1$ の代わりに n で割った形をサンプルの分散 s^2, $n-1$ で割ったものを不偏分散 V と呼んで区別している場合もあるが, 本書では常に上式を用いる). 母分散はデータ数で割るのに, サンプルの分散はデータ数 n でなく $n-1$ で割る点に疑問をもたれる読者も多いはずである. この点については後章で述べるが, 母分散をサンプルから推定したいときに n で割るといつも推定値が小さい目になるからである. そこで, $n-1$ で割っておけばうまくゆき, 「平均的に」良い推定量になるのである.

なお, 分子の $\sum_{i=1}^{n}(x_i - \overline{X})^2$ を S で表わし, **偏差平方和**と呼ぶ. さらに, σ^2 の正の平方根 σ を母標準偏差, V の平方根 $\sqrt{V}$ を s で表わしサンプルの標準偏差と呼び分布の広がりを表わす尺度として利用される. また, $(s/\overline{X}) \times 100\%$ を変動係数と呼ぶことがある.

(偏差平方和)　　　　$S = \sum_{i=1}^{n}(x_i - \overline{X})^2$

(サンプルの標準偏差)　　$s = \sqrt{V}$

(変動係数)　　　　　$(s/\overline{X}) \times 100\%$

平均値の計算の際に適当な変換を施せば計算が随分簡単になったが, 分散の計算にもそのテクニックを利用すればよい. とくに, 定義式をそのままの形で使わずに

$$\sum (x_i - \overline{X})^2 = \sum (x_i^2 - 2x_i \overline{X} + \overline{X}^2) = \sum x_i^2 - 2\overline{X}\sum x_i + n\overline{X}^2$$
$$= \sum x_i^2 - 2(\sum x_i)^2 / n + (\sum x_i)^2 / n$$
$$= \sum x_i^2 - (\sum x_i)^2 / n$$

であるから,

偏差平方和 $S = \sum x_i^2 - \frac{1}{n}(\sum x_i)^2$

を利用して,

$$V = s^2 = \frac{1}{n-1} S$$

を計算する方が便利なことが多い. さらに, データが度数表の形に整理されていれば

$$S = \sum_{i=1}^{k}(x_i - \overline{X})^2 f_i$$

を用いればよい．

(例 2.10) 大きさ 4 のサンプルが $X = \{15.5, 17.5, 21.5, 23.5\}$ であるとき，サンプルの分散を計算してみよう．

仮の平均を $x_0 = 17.5$ として

$X - x_0 = Y$	Y^2
−2.0	4.00
0.0	0.00
4.0	16.00
6.0	36.00
計 8.0	56.00

より $V = \left\{ 56 - 8^2/4 \right\}/3$
$= 40.00/3 = 13.33$

となる．また，変換せずに計算すれば

X	X^2
15.5	240.25
17.5	306.25
21.5	462.25
23.5	552.25
計 78.0	1,561.00

より $V = \left\{ 1561 - (78)^2/4 \right\}/3$
$= 13.33$

(例 2.11) 25 個の要素からなる母集団があり，各要素の値 X は次の度数表で与えられている．母分散を計算してみよう．

X	f	Xf	X^2f
1	10	10	10
2	12	24	48
3	3	9	27
計	25	43	85

$\sigma^2 = \{\sum X^2 f - (\sum Xf)^2/N\}/N$
$= \left\{85 - 43^2/25\right\}/25 = 0.44$

c) 歪（わい）度 ： 分布のひずみ具合（左右非対称の度合い）を表わす尺度で

$$\alpha = m_3 / m_2^{\frac{3}{2}}$$

で与えられる．ただし，m_i ($i = 1, 2, \cdots$) はサンプルの平均値 $\overline{X}$ のまわりの i 次モーメントと呼ばれる量で

$$m_i = \sum_{k=1}^{n} (x_k - \overline{X})^i / n$$

で定義される．α の正負によって分布の大体の形は次のようになっている．

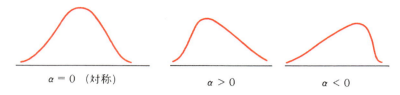

d) 尖（せん）度： データが平均値 $\overline{X}$ の近くにどの程度密集して存在しているかを表わす尺度で
$$\beta = (m_4/m_2^2) - 3$$
で定義される．

練習問題　2

1. 5枚のコインを44回投げ，各回に出た表の数を調べると次のような結果が得られた．

   2 2 3 2 3 3 1 3 1 1 2 1 4 5 3 3 3 1 3 3 0 2
   4 0 3 0 3 3 4 0 1 4 1 2 2 4 4 2 2 1 3 2 4 3

   (1) 度数分布表を作成しなさい．
   (2) 平均，メディアン，モードを求めなさい．
   (3) 標準偏差，範囲を求めなさい．
   (4) 歪度，尖度を求めなさい．

2. 次のデータに対して最大値とモードを求め，区間幅2のクラスに分け，相対度数と累積相対度数を求めなさい．

   11　15　17　12　10　17　15　12　14　15　11　10　11　15　17　10　15
   11　12　15

3. 次のような性質をもつ度数分布表(1), (2), (3)がある．区間幅と区間数，および最小の区間を求めなさい．

	データ数	最大値	最小値	大体の区間数
(1)	10,000	208	22	20
(2)	600	737	112	14
(3)	120	114	52	14

4. m 個のサンプル $(x_1, x_2, \cdots, x_m)$ の平均を $\overline{X}$，分散を V_x，n 個のサンプル $(y_1, y_2, \cdots, y_n)$ の平均を $\overline{Y}$，分散を V_y とする．これらのサンプルを一緒にしたサンプルの平均と分散をそれぞれ $\overline{Z}$，V とすれば，

$$\overline{Z} = (m\overline{X} + n\overline{Y})/N$$

$$V = \frac{1}{N-1}\{(m-1)V_x + (n-1)V_y\} + \frac{mn}{N(N-1)}(\overline{X} - \overline{Y})^2$$

で与えられることを示しなさい.ただし,$N = m + n$ とする.

5. n 個のデータ $(1, 2, \cdots, n)$ に対して,平均値まわりの 1 次,2 次,3 次,4 次のモーメントを計算しなさい.

3. 偶然事象と確率

母集団から取り出したデータを度数分布などの形に整理したものから母集団に関する正しい情報を獲得するためには，偶然を伴う事柄と確率の概念が必要になる．前の2つの章では記述統計について学んだが本章では推測統計の基礎となる確率の考え方を導入しよう．

3.1. 確率

コインを 800 回投げる実験を行ない，表 (H) の出た回数を記録したものが次の表である．

投げた回数	160 回のうち表の出た回数	表の出た総数	表の出る割合
160	78	78	0.488
320	86	164	0.513
480	85	249	0.519
640	72	321	0.502
800	80	401	0.501

この実験結果から，コインを投げる回数を 800 回よりももっと増せば，表の出る割合は次第に 0.5 に近づくものと推測できる．一般に，「コインを投げる」とか「サイコロを投げる」というような偶然を伴う実験によって得られる（表が出るとか，3 の目が出るというような）1 つの特定の結果を単に結果 (outcome)，結果の集まりを**事象** (event) と呼び A, B などで表わす．例えば，サイコロを投げる実験では，結果は $\{1, 2, 3, 4, 5, 6\}$ の 6 通りがあるが，5 以上の目が出るという事柄は 5 と 6 という結果の集まり $\{5, 6\}$ であるから 1 つの事象である．この約束に従えば，結果も 1 つの事象であると考えることができ，事象が生起する割合（確からしさ）を確率 (probability) という．

（定義3.1） 同じ実験を独立に多数回（無限に）繰り返したとき，ある事象が生起する割合をその事象が生起する確率と呼ぶ．ただし，独立とは1回の実験の結果が他の実験の結果に影響しないことを意味する．

この定義より，確率は

$$\text{相対度数} = (\text{対象とする事象の出現度数})/(\text{実験回数}) \tag{3.1}$$

の実験回数を無限に大きくした極限値であると解釈できる．従って，確率は有限回の実験では正しい真の値を求めることはできず，与えられた（歪みのある）コインの表の出る確率の正確な値を知ることは不可能である．しかし，歪みのないコインの表の出る確率や正しいサイコロの6の目が出る確率のように理想的な状況を想定して，概念的に繰り返し実験が可能な場合にはその確率を理論的に導出することが可能である．

コイン投げの例では，800回のうち表が出る回数は0から800回のいずれかであるから，表の出る割合は0/800と800/800＝1の間にあると考えられる．この性質は実験回数を増加させても変わらないから確率は0以上，1以下の数である．通常，事象Aの生起する確率を$\Pr(A)$なる記号で表わすことにすれば

$$0 \leq \Pr(A) \leq 1 \tag{3.2}$$

である．また，表が401回出れば，裏は800－401＝399回出るから
$\Pr(T) = \Pr(\text{裏が出るという事象}) = (800-401)/800 = 1 - 401/800 = 1 - \Pr(H)$
のような関係が成り立つ．一般に，ある実験の結果Aが生起する割合は$1-(A$が生起しない割合$)$で与えられる．Aが生起しないという事象をA^cで表わせば

$$\Pr(A) = 1 - \Pr(A^c) \tag{3.3}$$

となる．以上をまとめれば

ある実験を多数回独立に行なった場合，1回の実験の結果をAとすれば
$$0 \leq \Pr(A) \leq 1$$
Aが決して起こらなければ　　$\Pr(A) = 0$ （3.4）
Aがいつも起こるならば　　$\Pr(A) = 1$
$\Pr(A\text{が生じる}) = 1 - \Pr(A\text{が生じない})$

上の例ではコインを800回投げて$\Pr(H)=0.5$であるとみなしたが，これはコインをもう一度投げると表が0.5回（半分）出るという意味ではない．実際に起こるのは表か裏のどちらかである．また，さらに7回投げたとき7回とも表が出ることもある．しかし，$\Pr(H)=0.50$とは，このサイコロの「ランダム

ネス」を記述しようとしており，コインを何度も何度も投げたとき，その半分の回数は表が出ると期待できることを示している．なお，一般に，確率を計算する場合には小数点2桁まで計算することが多い．

上で述べたことをもう少し数学的に書けば次のようになる．統計学では数えたり測定するという行為を**実験**あるいは**試行**と呼び，ある実験によって得られる特定の結果を単に結果 (outcome) という．コインの例では，コインを投げることが実験であり，表か裏かが結果である．ある実験で生じうる結果全体を**標本空間**と呼び Ω で表わし，その要素 ω で結果を表わす．また，結果の集まり（すなわち，Ω の部分集合）を事象と呼ぶ．例えば，サイコロを投げる実験では $\Omega = \{1, 2, 3, 4, 5, 6\}$ であり，$\{2, 4, 6\} \subset \Omega$ であるから，「偶数が出る」という結果は1つの事象である．標本空間は上述のサイコロの例のように整数値とは限らないことが次の幾つかの例から明らかとなる．

（例3.1） コインを投げる実験では $\Omega = \{表, 裏\}$ である．

（例3.2） ある女子大学に在学中の学生のバストに注目する場合には，$\Omega = \{70$ から $150\}$ のように実数区間を想定しておけばよい．この場合，その要素（結果）は連続濃度をもつ．

（例3.3） ある女子大学に在学中の学生の着ている下着の色が考察の対象になる場合には $\Omega = \{白, ピンク, ベージュ, 黒, その他\}$ のように数値でない有限個の要素（色）からなる集合をとっておけばよい．

例3.3からも明らかなように，標本空間の要素は一般に数値とは限らず，物の名称や性質のようなカテゴリーであることも多く，それらを統一的に表現するために抽象的な集合の記号 Ω が用いられるのである．標本空間は通常，表，ダイヤグラム，長方形や円などを用いて表現される．そして，ある事象 A の生起する確率 $\Pr(A)$ を求めるためには，事象 A を構成している要素に対する確率を加えればよい．

（例3.4） 正しいサイコロを投げたとき，1か2か3のいずれかが出る確率を求めよう．$\Omega = \{1, 2, 3, 4, 5, 6\}$，$A = \{1$か2か3のいずれか$\}$ であり，Ω の各要素に $1/6$ なる確率が割り当てられている．従って，1か2か3のいずれかが出る確率は

$$\Pr(A) = 1/6 + 1/6 + 1/6 = 1/2$$

のように計算できる．図で表わせば

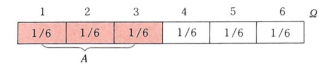

のようになる.

3.2. 互いに排反な事象

コインを投げる実験では,表が出るという事象(H)と裏が出るという事象(T)は同時に起こらない.このとき事象 H と T とは**互いに排反**であるといい,集合算の記号を用いて $H \cap T = \phi$ と表わす.一般に,事象 A と B とが共通の要素をもたないとき,互いに排反であるという.

(例3.5) サイコロを1回投げるとき $\Omega = \{1, 2, \cdots, 6\}$ であった.$A = \{1, 3, 5\} = $ 奇数が出るという事象,$B = \{1, 2, 3\} = 1, 2, 3$ のいずれかが出るという事象,$C = \{2\} = 2$ が出るという事象 としよう.A と B は共通の要素として 1, 3 をもつから互いに排反でない.一方,奇数でかつ2が出ることはありえないから,A と C は共通の要素をもたない.すなわち,互いに排反である.また,B と C は 2 を共通要素としてもつから互いに排反でない.

さて,直ちにわかるように,A と B が互いに排反なら,それらのうちの少なくとも一方が起こるという事象($A \cup B$)の確率 $\Pr(A \cup B)$ は A の起こる確率 $\Pr(A)$ と B の起こる確率 $\Pr(B)$ の和になる.すなわち,

$$\Pr(A \cup B) = \Pr(A) + \Pr(B)$$

この関係は A と B が互いに排反でなければ成立しないから注意すべきである.また,A, B, C がすべて互いに排反ならば,A と $(B \cup C)$ とが互いに排反であるから

$$\Pr(A \cup B \cup C) = \Pr\{A \cup (B \cup C)\} = \Pr(A) + \Pr(B \cup C)$$
$$= \Pr(A) + \Pr(B) + \Pr(C)$$

が成り立つ.

(例3.6) 次の度数表から1つのサンプルをランダムに取り出すとき,その値が 14 以下である確率を求めなさい.

X	f
0……4	3
5……9	4
10……14	7
15……19	2
20……24	9
計	25

$\Pr(0\cdots4 \text{ または } 5\cdots9 \text{ または } 10\cdots14)$
$= \Pr(0\cdots4) + \Pr(5\cdots9) + \Pr(10\cdots14)$
$= 3/25 + 4/25 + 7/25 = 14/25 = 0.56$
となる．

さて，A と B とが互いに排反でなければ，$\Pr(A \cup B)$ をどのように計算すればよいかを考えてみよう．このためには下図のようなベン図表を参考にし，A と B が重なり合っている部分に注目すればよい．互いに排反な場合の関係式を排反でない場合に用いると重なり合った部分の要素を2回数えていることがわかる．

例えば，男女の数が等しいある大学の学生 12,000 人のうち 1/3 は革新系の政党を支持しているとしよう．復元抽出で 600 人をランダムに選べば，600(1/3) = 200 人は革新系の政党を支持しており，600(1/2) = 300 人は男性であると期待できる．ところが，600 人のサンプルにおいて革新系支持かまたは男性の数は 200 + 300 = 500 人ではない．これはベン図表の斜線部を2度数えたからである．すなわち，サンプル内の 200 人の革新系支持者のうち 100 人は男性で，それが2回数えられているのである．従って，革新系支持かまたは男性の総数は 200 + 300 − 100 = 400 であり，Pr (革新系支持かまたは男性) = 400/600 となる．このことは
Pr (革新系支持または男性) = (200 + 300 − 100)/600 = 200/600 + 300/600 − 100/600 = Pr (革新系支持) + Pr (男性) − Pr (革新系支持でかつ男性) が成り立つことに注意すればよい．

一般に，
$$\Pr(A \cup B) = \Pr(A) + \Pr(B) - \Pr(A \cap B) \qquad (3.5)$$
が成り立つ．とくに，A と B が互いに排反なら $\Pr(A \cap B) = 0$ である．

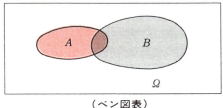

（ベン図表）

なお，前節では確率をある事象が生起する割合と定義し，その後で種々の性質を導いた．しかし，確率論では次の3つの関係を公理として，この公理を満足するものを確率と呼び，抽象的な理論が組み立てられている．

（確率の公理）
1. $\Pr(\Omega) = 1$
2. $0 \leq \Pr \leq 1$ (3.6)
3. A と B とが互いに排反な事象なら，
   $\Pr(A \cup B) = \Pr(A) + \Pr(B)$

この3つが満足されていれば，これらから他の性質，例えば，(3.3)式なども誘導できる．

3.3. 独立な事象

コインを2回投げた場合，第2回目の結果は第1回目に表が出たか裏が出たかには依存しない．2つのサイコロを投げたとき，一方の出る目は他方の出る目には影響を与えない．このような場合，2つの事象は**独立**であるという．すなわち，事象 A の生起が事象 B の生起する確率に何等影響しなければ，換言すれば，A と B が互いに何等かの因果関係で結びつけられていない事象のとき，A と B は独立であるという．これに対して，4個の赤球と6個の白球の入った箱から球を1つ取り出し，その球を箱へ戻さずにもう1つ球を取り出す実験を考えてみよう：最初の球が赤球なら箱の中には赤球が3個，白球が6個ある．従って，

$$\Pr(第2回目が赤球) = 3/9$$

となる．ところが，最初の球が白球ならば

$$\Pr(第2回目が赤球) = 4/9$$

であり，明らかに第2回目の結果は第1回目の結果に依存している．このような2つの事象を**従属**であるという．換言すれば，1つの事象の生起が他の事象の生起する確率に影響を与えるとき，A と B は従属であると呼ぶ．従属な関係にある事象では，それ以前にどのような事象が生起したかが重要になるため，事象 A が生起したことが与えられたとき，事象 B の生起する確率を $\Pr(B|A)$ なる記号で表わし，この確率を**条件付き確率**と呼ぶ．
とくに
　A と B とが独立なら

$$\Pr(A \text{ かつ } B) = \Pr(A \cap B) = \Pr(A)\Pr(B) \qquad (3.7)$$

A と B とが従属なら

$$\Pr(A \text{ かつ } B) = \Pr(A \cap B) = \Pr(A)\Pr(B|A)$$

なる関係式が成立する.

ここで注意しておいていただきたいことは,「独立」と「互いに排反」とを混同しないことである. 例えば, 阪神 (タイガース) と巨人 (ジャイアンツ) が同じ時刻に野球の試合をしているとしよう. A を「阪神が勝つ」という事象, B を「巨人が勝つ」という事象を表わすとする. これら2球団が別の球場で試合をしていれば, A と B は独立な事象と考えられるが, (阪神と巨人がともに勝つこともあるから) 互いに排反ではない. ところが, 同じ球場で阪神一巨人戦をしている場合には (両球団がともに勝つことはできないので) A と B は互いに排反な事象であるが独立ではない.

以上のことから $\Pr(A \text{ または } B)$ を求めたいときには「A と B とは互いに排反かどうか」を考えればよく, 排反なら $\Pr(A) + \Pr(B)$ を計算すればよい. また, $\Pr(A \text{ かつ } B)$ を求めるには「A と B は独立か」を調べ, もし独立なら $\Pr(A)\Pr(B)$ を計算すればよい.

3.4. 確率変数

標本空間 Ω 内の要素 ω が計量データのように数値で表わされていれば, 統計的な考察を進めるのに極めて都合がよいが, 数値以外のカテゴリーのような形では平均値を考えることすらできないというような種々の難点が生じる. そのためには, 標本空間がカテゴリーの代わりに数値で表現できれば問題は解決されることになる. 例えば, ある大学の新入生3000人 (男性2000人, 女性1000人) の中からランダムに選ばれた学生が男性である確率を求めてみよう. この例の標本空間は $\Omega = \{$男性, 女性$\}$ のように数値でない2要素から構成されている. そこで, 男性に1, 女性に0を割り当てれば

$\Pr(\text{男性}) = 2000/3000 = 0.67$ は $\Pr(1) = 2000/3000 = 0.67$

と書き表すことができる. これら両方の表現を図示すれば次のようになる.

この例のように，統計学では標本空間を構成している要素と実数とを対応づける対応関係（関数）のことを**確率変数**と呼び，以後の理論展開で重要な役割を演じる．

（例3.7） コインを一度投げたときには，標本空間は $\Omega=\{H,\ T\}$ であるから，$H\to 0,\ T\to 1$（または，$H\to 10,\ T\to 20$）のように対応づければよい．また，サイコロを投げる実験では，$\Omega=\{1,\ 2,\ 3,\ 4,\ 5,\ 6\text{の目}\}$ であるから，1の目$\to 1$，2の目$\to 2$，$\cdots$，6の目$\to 6$ のようにすればよい．

上で述べたような割り当ての方法は一意的でないから目的に応じて種々の工夫を施すべきである．例えば，2つのサイコロを投げるとき，標本空間内の要素は $(1,1)$，$(1,2)$，$\cdots(1,6)$，$(2,1)$，$\cdots$，$(6,6)$ の36個で構成されている．考察の対象がサイコロの目の和ならば，3つの要素 $(1,3)$，$(2,2)$，$(3,1)$ にはすべて4を割り当てればよく，和が奇数の場合には1，偶数ならば2とすれば，$(4,1)$，$(5,2)$，$(1,6)$ などには1を割り当てればよい．また，コインを2回投げ，表の出る回数に注目したければ，標本空間として $\Omega=\{HH,\ HT,\ TH,\ TT\}$ を考え，Ω の要素にそれぞれ 2，1，1，0 なる数値を割り当てればよい．

一般に，標本空間の要素（結果を表わす）$\omega\in\Omega$ に実数を割り当てる割り当て方，すなわち，数学的に表現すれば，標本空間から実数への関数 $X(\omega)$ を確率変数と呼ぶ．「変数」という名称であるのにその真の姿は関数である点に注意してほしい．確率変数の取り得る値は有限個，可算無限個，または連続的な場合のいずれでもよい．

確率変数 X を繰り返し観測したときその平均値が考えられるが，平均値の極限値を X の**期待値**と呼び $E(X)$ なる記号で表わす．確率と期待値の間には次のような関係がある．

確率変数 X が有限個か可算無限個の値 x_1，x_2，$\cdots$ を取る確率を P_1，P_2，$\cdots$ とするとき，**X の期待値は**

$$E(X)=x_1P_1+x_2P_2+\cdots=\sum_i x_iP_i \tag{3.8}$$

で与えられる．

例えば，サイコロを投げた場合に出る目の数を X とすれば
$$E(X)=1\times(1/6)+2\times(1/6)+\cdots+6\times(1/6)=3.5$$
である．この例のように，確率変数 X が整数値しか取らなくても X の期待値

は整数でないことがある.

また，確率変数 X とその期待値 $E(X)$ の差 $\{X-E(X)\}$ を**偏差**と呼ぶ．偏差の二乗 $\{X-E(X)\}^2$ も確率変数であるからその期待値を考えることができる．偏差の二乗の期待値を $V(X)$ で表わし，X の**分散**という．すなわち，

$$V(X)=E\{X-E(X)\}^2 \qquad (3.9)$$

である．なお，この式は

$$V(X)=E(X^2)-\{E(X)\}^2=\sum x_i^2 P_i-(\sum x_i P_i)^2$$

のように書くこともできる．

練習問題 3

1. 2つのサイコロを投げたとき，出た目の差を X とする．
   (1) X の標本空間 Ω を求めなさい．
   (2) $P_k=\Pr(X=k)$ の確率分布のグラフを書きなさい．

2. n 本のくじの中に r 本の当たりくじが入っている（ただし，$n>r\geq 1$）．AとB 2人が順番に1本ずつこのくじを引くとき次の問いに答えなさい．
   (1) Aが引いたくじの結果を観察して元へ戻し，次にBが引くときA，Bともに当たりくじを引く確率を求めなさい．
   (2) Aが引いたくじを元へ戻さずに，次にBが引くときBが当たりくじを引く確率を求めなさい．

3. 警察庁のデータによれば犯罪の70%は夜間に起こり，夜間に起こった犯罪のうち40%，昼間に起こった犯罪のうち20%は窃盗犯である．犯罪のリスト1000件が収められているファイルからランダムに1つの犯罪を選ぶとき，それが窃盗犯である確率を求めなさい．

4. T夫婦は大阪に住んでいる．毎年，元旦に夫が京都へ行く確率は 0.2，妻は 0.1 である．また，妻が京都へ行く場合には夫は 0.3 の確率で行く．
   (1) 夫婦そろって元旦に京都へ行く確率を求めなさい．
   (2) 夫婦の少なくとも1人が元旦に京都へ行く確率を求めなさい．
   (3) 夫婦が元旦に京都へ行かない確率を求めなさい．

5. 独立な事象 P，Q，R はそれぞれ p，q，r の確率でおこる．Aが「P または Q のいずれかは起こるが両方は起こらない」，Bが「Q または R のいずれかは起こるが両方は起こらない」という事象を表わすとき $\Pr(A|B)$ を求めなさい．

6. 毎回 S か F かいずれかが生じる一連の試行において，S のでる確率は直前回の結

果が F の時には p_0, S の時には p_1 である.最初の試行で S の出る確率を p とするとき,第 n 回目の試行で S が出る確率を求めなさい.

7. Y 君と M 子さんはある日の正午から午後 1 時の間に会う約束をして,互いに相手を 10 分以上待たさないことにした.2 人が会うことができる確率を求めなさい.

4. 母集団と種々の分布

統計的推測はサンプルに基づいて母集団の性質をさぐることを目的としているが，母集団の性質は母集団分布と呼ばれる確率分布で規定される．ここでは代表的な確率分布について述べておこう．

4.1. 母集団分布

2章の例2.5で与えたセンター試験の全受験生の得点分布は代表的な母集団の分布であるが，この例のように母集団分布が正確に得られることは国勢調査などの大規模な調査以外には稀なことである．通常，統計的な問題は母集団から取り出された少数個のサンプルから母集団分布を推測することを主な狙いとしている．換言すれば，母集団の分布は確かに存在しているがわれわれにはその真の姿がわからないのである．そこで，母集団分布を推測するためには，母集団から取り出したサンプルのデータをいくつかの区間に分け，各区間内の度数を用いて相対度数分布（ヒストグラム）を作成することが最も基本的な作業であった．その場合，サンプルの大きさを増加させ，区間の幅を小さく取れば，ヒストグラムは次第に滑らかな曲線や一定の形に近づいていく（図4.1を参照のこと）．

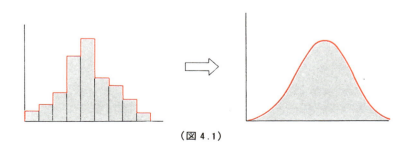

（図 4.1）

このようにして得られる曲線は母集団の要素全部に対するヒストグラムに対応し，母集団の**確率密度関数**と呼ばれる．同様にして，累積相対度数に対しては，その極限の分布を母集団の**分布関数**と呼ぶ（図4.2を参照のこと）．

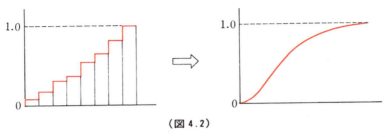

（図4.2）

現実には，要素の数が無限個ある母集団（無限母集団）ではそのすべての要素を洗いざらい調べることは不可能であるから，相対度数分布や相対累積度数分布の極限と考えられる確率密度と分布関数を何等かの数式で表現し，それらを母集団分布の理論モデルとみなす方法が取られる．この場合，確率密度を $f(x)$，分布関数を $F(x)$ で表わせば，相対度数分布の各度数の和が相対累積度数であったから，その極限に対しても同じ関係が成立し，

$$F(x) = \sum f(x)$$

と書ける．しかし，$f(x)$ や $F(x)$ は滑らかな曲線で，x は連続量であるから，上式の和を取るという操作 Σ は連続的な和を取るという意味で積分の概念になり

$$F(x) = \int_{-\infty}^{x} f(y)\,dy \qquad (4.1)$$

と表わされる．ここで，$\int$ の下限を $-\infty$ としているのは，データ x の取り得る範囲を $(-\infty, \infty)$ とみなしているからで，もしある定数 a 以上に限られるなら

$$F(x) = \int_{a}^{x} f(y)\,dy$$

と書くことができる．積分の概念から $f(x)$ と $F(x)$ の関係は次の図4.3のようになる．

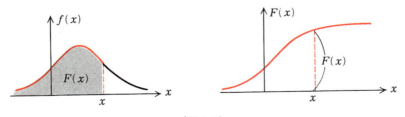

（図4.3）

すなわち，1点 x における分布関数の値 $F(x)$ は確率密度を表わす曲線 $f(x)$ の下側の色付部の面積に等しい．また，相対累積度数分布では最後のクラスで 1 になることから

$$F(\infty) = \int_{\infty}^{\infty} f(y)\,dy = 1$$

が成り立つ．このように，データ数を増加させるとともに区間の幅を減少することができるのはデータが任意の値を取れる場合，換言すれば，確率変数 X の取り得る値が連続的な実数の場合である．データが連続的な場合の分布関数を**連続分布**と呼ぶ．これに対して，データの取り得る値が整数値に限られる場合，換言すれば，確率変数 X の取り得る値が離散的な場合には，区間の幅をいくらでも小さく取ることはできない．例えば，ある都会の 1 日の交通事故発生件数を 1 か月間観察し，その度数分布を作ったとしよう．観察期間を 1 か月よりも長くとればデータ数はいくらでも増加できるが，区間の幅の方は小さくすることはできない．なぜなら，データの取り得る値（＝交通事故発生件数）は 0，1，2，…のような整数値に限られるからである．このようなタイプのデータを離散的データと呼び，離散的データに対する分布を**離散分布**という．このことから，離散分布ではあるデータがどのクラスに属するかが問題となるのではなく，どの値を取るかが重要である．4.3 と 4.4 節ではこれら 2 種類の分布について説明する．

4.2. 母数と統計量

2.3 節で述べた数式を用いればサンプルに対してはサンプルの平均値や分散を簡単に計算できた．ところが，母集団全体の平均値や分散を求めるためには母集団を構成しているすべての要素を調べ，その度数分布を作る必要がある．しかし，要素の数が無限にあればこの操作は不可能であるため，理論モデルを考えなければならなかった．これと同じように，母集団全体の平均値や分散も理論的な母集団のモデルを用いて定義しておくことができる．一般に，母集団の理論分布を特徴づけるのに必要な平均値や分散などの種々の値を**母数**（パラメータ）と呼び，ギリシャ文字の θ で表わす．とくに，母数の中で母集団の平均値を**母平均**，分散を**母分散**と呼び，θ の代わりにそれぞれギリシャ文字の μ，σ^2 で表わす．母平均をはじめ母数はすべて 10 とか 15 のような一定の数値（定数）であり，確率変数（統計量）でない．しかし，その真の値はわれわれにわからないのが普通であり，統計的推測は少数個のサンプルに基づいて母数の

値を推測する理論であるとも考えられる．通常，母集団分布を表わす具体的な数式では母数としては1つないし2つ位のことが多く，例えば，最も重要な分布である正規分布は母数として母平均 μ と母分散 σ^2 の2つを含んでいる．

さて，サンプルの平均値や分散のような代表値の方に目を向け，その性質を考えてみよう．それらの具体的な計算方法は2.3節で与えたが，これらの計算式に基づいて得られる結果はいつも一定値となるのであろうか．この問題に対する解答として次の例を考えてみよう．

(例4.1) $A(1), A(2), \cdots, A(20)$ の20名の生徒のいる学習塾で英語の模擬試験を行なった結果，次のような得点がえられた．

$A(1)$	$A(2)$	$A(3)$	$A(4)$	$A(5)$	$A(6)$	$A(7)$	$A(8)$
80	85	70	60	95	25	60	75
$A(9)$	$A(10)$	$A(11)$	$A(12)$	$A(13)$	$A(14)$	$A(15)$	$A(16)$
100	20	80	70	60	50	60	75
$A(17)$	$A(18)$	$A(19)$	$A(20)$				
100	60	25	30				

この20個のデータからなる母集団の母平均は

$$\mu = \{80+85+\cdots+25+30\}/20 = 64$$

のように計算できる．一方，この20個の母集団からランダムサンプルにより大きさ5のサンプルを取るとしよう．例えば，取られたサンプルが $X_1 = \{A(2), A(7), A(8), A(15), A(18)\}$ だとすれば，サンプルの平均は

$$\overline{X_1} = \{85+60+75+60+60\}/5 = 68$$

となるが，サンプルが $X_2 = \{A(4), A(6), A(9), A(17), A(20)\}$ ならば，サンプルの平均 $\overline{X_2}$ は

$$\overline{X_2} = \{60+25+100+100+30\}/5 = 63$$

となり，$\overline{X_1} \neq \overline{X_2}$ である．このように，サンプルの平均は取られるサンプルによってその値が異なり，いずれが正しい値なのか見当がつかない．すなわち，サンプルの平均はサンプリングという偶然機構によって産み出されたもので，確率変数であると考えられる．一般に，ランダムサンプリングの結果得られるデータに基づいて計算された代表値を統計量と呼ぶが，統計量は確率変数である．従って，統計量に対する確率分布というものが存在する．

4.3. 離散分布

前章で定義した確率変数 $X(\omega)$，すなわち，データ X の取り得る値が $\{x_1, x_2, \cdots, x_k\}$ のように有限個か，または $\{x_1, x_2, \cdots\}$ のように可算無限個の場合，変数 X の取る値 x_i ($i=1, 2, \cdots$) と X が x_i を取る相対度数（確率） p_i の 2 つの数値 $\{x_i, p_i\}$ を対応させた表または関数形を**離散分布**と呼ぶ．すなわち，離散分布とは X が x_i ($i=1, 2, \cdots$) を取る確率 $\Pr(X=x_i)=p_i$（ただし，$0 \leq p_i \leq 1$）を表現したものである．従って，離散分布の確率密度に相当する図は連続曲線でなく，次のようなくし状のグラフで表わされる．

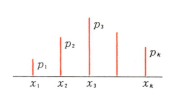
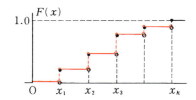

ここで，確率の性質より

$$\sum_i p_i = 1$$

が成り立っている．そして，離散分布の分布関数 $F(x)$ はこれらの確率 $p_1, p_2, \cdots$ を加え合わせた形で，階段関数と呼ばれるグラフになっている．このとき，最後の値 x_∞ では分布関数は 1 である．また，ある点 x における分布関数の値 $F(x)$ は x までの確率の和として表わされ，(2.1)式と類似の関係式

$$F(x) = \sum_i^x p_i$$

と書ける．

（例 4.2） 2 つのコインを投げたとき，表のでる枚数の確率分布

表の枚数 X	$\Pr(X)$
0	0.25
1	0.50
2	0.25
計	1.00

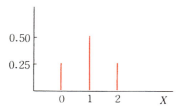

ヒストグラムを描くと右の図のようになる．

（例4.3） 確率変数 X のとる値を 1, 2, 3 としよう．$\Pr(X) = X/6$ なるとき，これは確率分布である．この関数形の代わりに次のような表で表現してもよい．

表の枚数 X	$\Pr(X)$
1	1/6
2	2/6
3	3/6
計	1.00

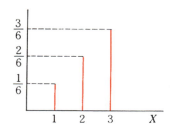

さて，前述の相対度数分布はどんな種類のデータに対しても描くことができ，例えば，カテゴリーデータでも一向差し支えなかった．ところが，定義から確率分布は確率変数に対してのみ与えられる点が大きな違いである．

また，前節で述べた母数のうち，離散分布に対する母平均 μ と母分散 σ^2 は次のような形で定義される．

$$\left. \begin{array}{l} \mu = \sum x \Pr(X = x) \\ \sigma^2 = \sum (x - \mu)^2 \Pr(X = x) \end{array} \right\} \quad (4.2)$$

これは度数分布で度数 f の代わりに $\Pr(X)/N$ としたものである．なお，母平均 μ と母分散 σ^2 は確率変数 X に対する分布から定められるという意味で，それぞれ

$$\mu = E(X) \qquad \sigma^2 = \mathrm{Var}(X) = E(X - \mu)^2$$

のような記号で表わす．ここで，$E(X)$ は 3.4 節で定義したように X の期待値と呼ばれるものである．以下では重要な離散分布について述べておこう．

(1) 二項分布 (binomial distribution)

離散分布の中で最も基本的な分布は次の 2 つの仮定のもとで生じる二項分布である．

1) 同じ試行を独立に n 回行う

2) 各試行の結果は S（成功）と F（失敗）という 2 つの結果のいずれかで，それぞれの結果が起こる確率は P と $1-P$ である．すなわち，$\Pr(S) = P$，$\Pr(F) = 1-P$ である．

これらの仮定が満足されるとき，n 回の試行で結果 S が X 回起こる確率を

求めてみよう.まず,次の簡単な例を用いて説明しよう.

4個の赤球(R)と6個の白球(W)の入った箱から1個の球を取り出し,その色を観測した後,箱に戻し(復元抽出),このような試行を合計4回行なう.このとき,丁度2個が赤球である確率を計算してみよう.この条件にかなった1つの起こり方は,$RRWW$ のように取り出された場合であるが,明らかにこのような結果が生じる確率は,各試行が独立であるから

$$(4/10)(4/10)(6/10)(6/10)=(4/10)^2(6/10)^2$$

である.また別の起こり方として $RWWR$ も4回中赤球が2個得られているから上の条件を満たし,その確率はやはり

$$(4/10)(6/10)(6/10)(4/10)=(4/10)^2(6/10)^2$$

であり,$RRWW$ の場合と同じである.同様のことが2個の R と2個の W のあらゆる組み合わせに対して成り立つから,結局,丁度2個赤球である確率は上の確率 $(4/10)^2(6/10)^2$ にあらゆる組み合わせの数を掛ければよい.その数は2個の R と2個の W で4つの穴を埋めることのできる場合の数をもとめればよい.その数は

$$(4\cdot3\cdot2\cdot1)/(2\cdot1\cdot2\cdot1)=6$$

となる.ここで,階乗の記号を用いれば

$$n!=n(n-1)(n-2)\cdots2\cdot1 \qquad 0!=1$$

であるから,

$$4!/(2!2!)=6$$

と書ける.従って,求めるべき確率は

$$\frac{4!}{2!2!}\left(\frac{4}{10}\right)^2\left(\frac{6}{10}\right)^2=0.35$$

となる.以上の事柄を一般化すれば,前述の2つの仮定が満足されるとき,n 回の試行で S が丁度 x 回出る確率は

$$\frac{n!}{x!(n-x)!}P^x(1-P)^{n-x}$$

で与えられ,この確率分布を二項分布と呼ぶ.二項分布は n と P とに関係するから,しばしば $B(n;P)$ なる記号で表わすことが多い.とくに,$n=2$ から9の各値と P の種々の値の組み合わせについて $B(n;P)$ の値が計算されており,その計算結果を表にまとめたものを二項分布表と呼ぶ.(表1を参考)

(例 4.4) 男女は1/2の確率で産まれるとしよう.ある家族に5人の子供が

いるとき，
(1) 少なくても 1 人が男である確率　　(2) 男が 2 人以上である確率
を求めよう．

（解答） 男の数を X とすれば，二項分布表から

(i) $\Pr(X=0)=0.031$，および $\Pr(X=1 \text{ またはそれ以上})=1-\Pr(X=0)=1-0.03=0.97$

(ii) $\Pr(X=1)=0.156$ であるから $\Pr(X=2 \text{ 以上})=1-\Pr(X=0 \text{ または } 1)=1-0.03-0.156=0.81$ となる．

さて，二項分布に対する平均 μ と分散 σ^2 は極く簡単な計算によって求められ

$$\mu=nP, \qquad \sigma^2=nP(1-P)$$

で与えられる．

(2) ポアソン (Poisson) 分布

自然科学，社会科学を問わずしばしば用いられる離散分布にポアソン分布と呼ばれるものがある．工場で一日に故障する機械の台数，ある店へ一定時間内に訪れる客の数，生命保険の加入者が一定期間内に死亡する数，単位時間内に発生する電話の呼の数など，稀にしか生じない現象を説明するための理論モデルとしてしばしば利用される．ポアソン分布は次のような定義で与えられる分布である．

（定義） $\Pr(X=k)=e^{-\lambda}\lambda^k/k!$ 　　　$(k=0, 1, 2, \cdots)$ なるとき，確率変数 X の分布はパラメータ $\lambda\ (>0)$ のポアソン分布であると呼ぶ．ただし，e は $2.71828\cdots$ なる定数を表わす．

ここで注意すべきことは，二項分布の場合には確率変数 X の取り得る値は有限個（n よりも小さい非負整数）であったが，ポアソン分布では 0 から ∞ までの無限個の整数値を取る点である．すぐにわかるようにポアソン分布の平均と分散はそれぞれ

$$E(X)=\lambda, \qquad \mathrm{Var}(X)=\lambda$$

で与えられる．

なお，二項分布において n が十分に大きく P がかなり小さいとき，$\lambda=nP$

を一定に保ちながらその分布の極限をもとめると

$$\frac{n!}{x!(n-x)!}\left(\frac{\lambda}{n}\right)^x \left(1-\frac{\lambda}{n}\right)^{n-x} = \frac{\lambda^x}{x!}\left(1-\frac{1}{n}\right)\left(1-\frac{2}{n}\right)$$

$$\cdots \left(1-\frac{x-1}{n}\right)\left(1-\frac{\lambda}{n}\right)^n \left(1-\frac{\lambda}{n}\right)^{-x}$$

となり，λ と x を固定し，$n \to \infty$ とすると
$$\lim_{n \to \infty}(1-\lambda/n)^n = e^{-\lambda}$$
なることを用いれば，この極限はポアソン分布の形

$$\frac{\lambda^x}{x!}e^{-\lambda}$$

となる．すなわち，適当な条件のもとで二項分布の極限分布はポアソン分布である．

4.4. 連続分布

前述の確率分布は，確率変数 X の取り得る値が有限個かまたは可算個であった．しかし，バストの例のように確率変数 X が実数を取る場合には，連続な確率分布を考えなければならない．この節では連続値を取る確率変数とその分布 $F(x)$ および，確率密度 $f(x)$ の性質について考えよう．

完全にバランスのとれた図 4.4 のような回転盤がある．針を回せば，0 と 1 の間のどこかで停止する．従って，$\Omega = \{X; 0 \leq X \leq 1\}$ である．Ω のすべての部分集合に対して確率を定めれば，この回転盤の確率法則が明らかになる．完全にバランスがとれているから Ω のあらゆる点が同等に起きる．従って，$\Pr\{X\} = p \geq 0$ を満たす数 p があらゆる X に対して存在する．このとき，$p = 0$ であることを示そう．$p > 0$ と仮定すれば，$np > 1$ であるように十分大きな n を取ることができる．いま

$$A = \{1/2, 1/3, 1/4, \cdots, 1/(n+1)\} \subset \Omega$$

とすれば
$$1 = \Pr(\Omega) \geq \Pr(A) = \sum_{i=2}^{n+1}\Pr(1/i) = \sum_{i=2}^{n+1} p = np > 1$$
が成り立ち矛盾となる．従って，$p = 0$ でなければならない．

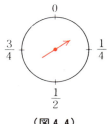

(図 4.4)

　この例が示すように,一般に,連続値を取る確率変数に対しては1点を取る確率は0である.0と1の間の数値が生じる確率は,0であるのに実際にはそれらの1つが確実に起こるのであるから,この結果は少し奇妙にみえるかもしれない.しかし,絶対に起こらない事象(空事象)の確率は0であるが,確率0の事象は絶対に起こらないとは言っていない.

　また,4.1節で述べたように,連続分布は確率密度 $f(x)$ と分布関数 $F(x)$ で特徴づけられるが,分布関数が相対累積度数分布の極限として得られ,データ X が x までの値を取る確率を表わしていたから,

$$F(x) = \Pr(X \leq x) = \int_{-\infty}^{x} f(y) dy \qquad (4.3)$$

で定義されていると考えてもよい.この式によって確率変数と分布関数の関係が明らかとなる.さらに,連続分布に対する母平均 μ と母分散 σ^2 は

$$\mu = \int x f(x) dx = E(X)$$

$$\sigma^2 = \int (x-\mu)^2 f(x) dx = E(X-\mu)^2$$

で定義される.従って,母集団分布 $F(x)$ の具体的な形が与えられれば,(4.3)式とこの定義式を用いて平均と分散を求めることができる.

　次章では連続値を取る確率変数に対する分布(連続分布)の代表格である正規分布について詳しく述べておこう.

練習問題　4

1. 正しいサイコロを4回投げたとき,次の確率を計算しなさい.
   (1) 3の目が1回も出ない.
   (2) 3の目が1回出る.
   (3) 3の目が少なくとも2回出る.
2. 確率変数 X の分布が次の表で与えられているとき,$(X^2+2X)/(X+1)$ の期待値

を求めなさい．

X	0	1	2	3	4	5
$\Pr(X=x)$	0.1	0.3	0.1	0.2	0.2	0.1

3．確率変数 X が二項分布 $B(n, P)$ に従うとき，分散が最大になるように P を定めなさい．

4．2つの独立な確率変数 X, Y はそれぞれ，パラメータ λ_1, λ_2 のポアソン分布に従う．$X+Y=k$ が与えられたとき，$X=x$ である確率を求めなさい．ただし，$0 \leq x \leq k$ とする．

5．5人の子供をもつ家族 1309 組を調査し，男子の数が次表のようになることがわかった．

男子の数	0	1	2	3	4	5
家族数	56	193	397	407	188	68

適当な二項分布をあてはめなさい．

6．ある病気にかかっているか否かを判定する試薬がある．この試薬を用いると病気にかかっている人が陽性反応を示す確率は p であることが知られている．病気にかかっている患者に対して A 病院では n_1 人に，B 病院では n_2 人にこの試薬を用いたところ，陽性反応を示した患者は合わせて k 人であった．A 病院の n_1 人の患者のうち，r 人が陽性反応を示す確率を求めなさい．

7．水商売で働いている 20 才のホステスが 30 才まで働く確率は 0.98 である．ランダムに選ばれた 100 人の 20 才のホステスのうち，30 才までに少なくとも 4 人やめる確率を求めなさい．

5. 正規分布とその応用

連続分布の中でも最もしばしば用いられるのは正規分布である。以後の議論で重要な推定や検定の理論はすべて正規分布を基礎にしているといっても過言でない。

5.1. 正規曲線

連続な確率分布の中でとくに正規分布と呼ばれるものが重要である。この分布は18世紀にガウス (Gauss) によって誤差の研究から誘導されたもので、しばしば誤差分布とかガウス分布と呼ばれることもある。この分布の密度関数を正規曲線と呼ぶ。前述の二項分布で n が非常に大きい場合であり、図5.1のように左右対称でヘルメット形をしている。

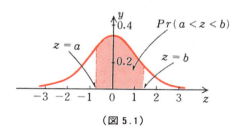

（図 5.1）

正規曲線の下にある部分の a から b までの面積（図5.1の色付部）は正規分布で表わされる母集団からランダムに取り出したデータが a と b との間にある確率を与える。正規曲線は平均と分散が定まれば一意的に決まるため、平均 μ、分散 σ^2 の正規曲線を $N(\mu, \sigma^2)$ のように表わす。とくに、平均 $\mu=0$、分散 $\sigma^2=1$ なる正規曲線を標準正規曲線と呼び $N(0, 1^2)$ で表わす。**標準正規分布**の密度関数（正規曲線）は

$$y = \frac{1}{\sqrt{2\pi}} e^{-z^2/2} = f(z)$$

のような複雑な形をしているが，このような関数形を暗記する必要はない．ただ次のような性質だけは熟知しておいてもらいたい．

1) $-\infty$ から $+\infty$ までの範囲に広がっているが，大半は -3 から $+3$ の間にある．
2) $f(z)$ の最大値を与える z と，モードを与える z は共に 0 である．
3) 曲線は $z=0$ に関して対称である．従って，標準正規分布の平均は 0 である．
4) -1 と $+1$ の間では凹，-1 から $-\infty$ と，1 から $+\infty$ の間では凸の関数である．
5) 標準正規分布の標準偏差は 1 である．
6) 曲線の下側の全面積は 1 であり，データ z が a と b との間にある確率は，a と b との間にある正規曲線の下側の面積に等しい．

5.2. 正規分布表とその利用法

統計学では標準正規分布とは限らない任意の正規分布 $N(\mu, \sigma^2)$ に対して，スコアが a と b との間にある確率を求めたいことが絶えず生じる．この場合，標準正規分布に対してこの種の確率を求めておけば，後は簡単な変換により求めたい確率を導出できる．このため，標準正規分布に対して正規分布表と呼ばれる次のような 2 種類の数表が準備されている．すなわち，「K_ε から ε を求める表」と「ε から K_ε を求める表」であり，「K_ε から ε を求める表」は，与えられた z の正の値 K_ε に対して図 5.2 の色付部の面積 ε を計算して表の形にしたものである．K_ε の整数値と小数点第 1 位までが左側の列に，K_ε の小数点 2 位までが一番上の行に与えられている．以下では，この表の利用法を幾つかの例を用いて説明しよう．（付録の表 2 と表 3 を参照のこと）

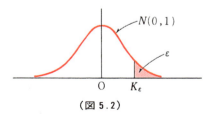

（図 5.2）

（**例 5.1**） z が 1.96 以上の確率 $\Pr(z > 1.96)$ を求めてみよう．
正規分布表の左端の列の 1.9 の行と，一番上の行中の 6 の列との交点を見れ

ば 0.0250 なることがわかる．従って，Pr $(z>1.96)=0.0250$ である．

（例 5.2） Pr $(-2.33<z<0)$ を求めよう．

正規分布表には z が負の場合に対する値は載っていないが，標準正規曲線が $z=0$ に関して対称であることを利用すれば，
$$\Pr(-2.33<z<0)=\Pr(0<z<2.33)$$
のようになる．そして，対称性と曲線の下側の全面積が 1 なることより，$z=0$ より右側の面積は 0.50 である．従って，
$$\Pr(0<z<2.33)=0.50-\Pr(z>2.33)=0.50-0.0099=0.49$$
である（図 5.3 を参照のこと）．

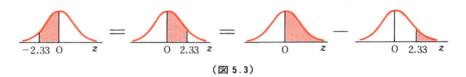

（図 5.3）

（例 5.3） Pr $(-1.96<z<2.33)$ を求めよう．

対称性を利用すると Pr $(-1.96<z<2.33)=\Pr(0<z<1.96)+\Pr(0<z<2.33)=0.50-\Pr(z>1.96)+0.50-\Pr(z>2.33)=0.50-0.025+0.50-0.0099=0.965$ となる．

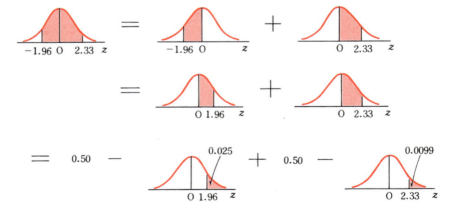

次に，上述の例と逆の問題もしばしば生じる．すなわち，面積 ε が与えられたときその面積を与える z の値 K_ε を求める問題である．この場合，上述の正規分布表を逆に見ていってもよいが，別の形をした「ε から K_ε を求める表」が

準備されている．（付録の表3を参照のこと）

（例 5.4） K_ε よりも大きい確率が 0.70 となる z の値は

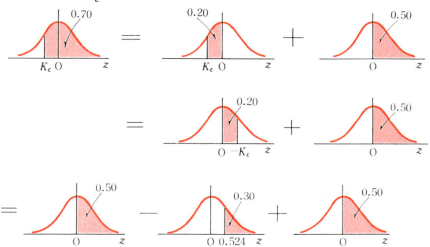

により計算できる．K_ε に対応するのは表から 0.524 であり，K_ε は負でなければならないから，$K_\varepsilon = -0.524$ である．

さて，標準正規分布では $\Pr(0 < z < 1) = 0.341$ であるから，その2倍の 0.682．すなわち，約 68% が正規分布において平均から標準偏差内にデータが入る確率である．同様に，平均を中心として標準偏差の2倍内に入る確率は 95.5%，3倍内には 99.7% が入る（次の図を参考のこと）．

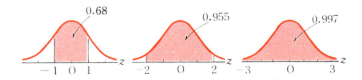

ただし，この事実は正規分布に対してのみ成立するものであって，次の例のように任意の分布では必ずしも成立しない点に十分注意しておいてほしい．

（例 5.5） 1, 1, …, 1, 9 の 10 個のデータに対しては，平均 = 1.8，標準偏差 = 2.4 であるが，平均から標準偏差の 1, 2, 3 倍だけ離れた部分にデータが落ちる確率はすべて 90% である．

5.3. 一般の正規分布 $N(\mu, \sigma^2)$

正規分布 $N(\mu, \sigma^2)$ は密度関数 $f(x)$ が

$$f(x) = \frac{1}{\sqrt{2\pi}\sigma} e^{-\frac{(x-\mu)^2}{2\sigma^2}}$$

で与えられる分布であり,平均値 μ と分散 σ^2 の値に応じて種々の形をとるが(図5.4を参照のこと),それらすべてをひっくるめて正規分布族と総称する.標準正規分布 $N(0, 1^2)$ も正規分布族の一員である.正規分布族の各構成員は標準正規分布とほとんど同じ性質を有しており,次のように要約できる.
1) 曲線の下側の総面積は 1 であり,$x=a$ と $x=b$ との間の面積は,データ x が a と b との間に落ちる確率 $\Pr(a<X<b)$ を表わす.
2) 曲線は $-\infty$ から $+\infty$ の範囲に広がっている.
3) 曲線はヘルメット形をしており,モードを中心に対称で,モード,メディアン,平均値はすべて μ である.
4) 曲線は平均値から標準偏差分だけ離れた点で凸から凹へ変わる.

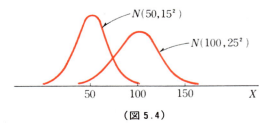

(図 5.4)

さて,X が正規分布 $N(\mu, \sigma^2)$ から取り出されたサンプルであるとき,$\Pr(a<X<b)$ を求めてみよう.一般の正規分布に対しては表としては準備されていないが,標準正規分布に対する正規分布表を利用すればよい.すなわち,

$$z = \frac{X-\mu}{\sigma} \tag{5.1}$$

とおけば,z は標準正規分布に従うという重要な性質である.従って,$X=a$ と $X=b$ の間で正規曲線 $N(\mu, \sigma^2)$ の下側の部分の面積 $\{=\Pr(a<X<b)\}$ を求めるためには,a と b に対応する z の値を(5.1)式から求め(それらを z_a,z_b とする),正規分布表を用いて $\Pr(z_a<z<z_b)$ の値を調べればよい.変換の様子を目で見て理解するためには,次の例題の図5.5のようにデータ X のス

コアを上側に，z スコアを下側に記入しておくとよい．

（例 5.6） X が $N(100, 10^2)$ に従うとき，$\Pr(80 < X < 105)$ を求めよう．
$z = (X - 100)/10$ とおくと，$X = 80, 105$ に対する z の値はそれぞれ -2 と 0.5 になる．従って，$\Pr(80 < X < 105) = \Pr(-2.0 < z < 0.5) = 0.5 - \Pr(z < -2.0) + 0.5 - \Pr(z > 0.5)$
$= 1 - \Pr(z > 2.0) - \Pr(z > 0.5)$
$= 1 - 0.0228 - 0.3085 = 0.669$
となる．

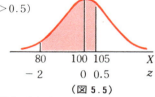
（図 5.5）

（例 5.7） 次の表はある模擬試験での T 君の得点である．

科目	T君の得点	受験者全体	
		平均点	標準偏差
英語	68	68	8
数学	65	50	15
国語	70	73	10

(1) T 君の各科目の得点は上位何 % か．
(2) 各科目の受験者全体の平均点を 50 点，標準偏差を 10 点に変換したとき，T 君の変換後の点数を求めよ．

（解答）
(1) $z = (X - \mu)/\sigma$ を用いて X から $z \sim N(0, 1^2)$ に変換し，正規分布表を用いると，次の表が得られる．

	変換後の得点	上位 %	受験者全体	
			平均点	標準偏差
英語	0.00	50%	0	1
数学	1.00	16%	0	1
国語	-0.30	62%	0	1

(2) 標準正規分布への変換した値 z を用いて，逆に
$$Y = 50 + 10z$$
より，

	変換後の得点	受験者全体	
		平均点	標準偏差
英　語	50	50	10
数　学	60	50	10
国　語	47	50	10

となる．この変換後の得点 50，60，47 が世間を騒がしているいわゆる T 君の**偏差値**である．

5.4. 二項分布の正規近似

　二項分布で試行回数 n を大きくしてゆけば，二項分布は正規分布に近づいていく．すなわち，n が十分に大きい場合には二項分布は正規分布とみなしてもほとんど差はない．それではどの位の大きさならばよいのであろうか．この問いに対する解答としては，$P=0.5$ のときには n は約 5 でよいが，P が 0.5 から離れるにつれて大きく取らなければならない．通常は nP と $n(1-P)$ が共に 15 以上なら，二項分布の計算に平均値 $\mu=nP$，分散 $\sigma^2=nP(1-P)$ の正規分布を用いてもよいとされている．

　（例 5.8） 正確なコインを 12 回投げたとき，多くとも 3 回表の出る確率を求めよう．まず，二項分布を用いて正確な値を計算すれば，$n=12$，$P=0.5$ として次のような表が得られる．

X	0	1	2	3	計
Pr(X)	0	0.003	0.016	0.054	0.073

従って，Pr（多くとも 3 回表が出る）＝ 0.073 である．

　次に，正規近似によって求めてみよう．この例のように離散的なデータを連続であるかのように扱うためには，「少なくとも 3 回表が出る」という事象は，正規分布に対しては「表の出る回数は，3.5 回以下である」とみなせばよい．

$$\mu=nP=12(1/2) \qquad \sigma=\sqrt{nP(1-P)}=\sqrt{12(1/2)(1/2)}=1.73$$

より，$z=(X-6)/1.73$ とおき，$X=3.5$ とすれば，$z=-1.45$，ゆえに，Pr$(X<3.5)=$ Pr$(z<-1.45)=0.5-0.427=0.073$
のようになる．

（例 5.9） 昨年，東京都の住民の 10% がインフルエンザにかかった．住民 200 人をランダムに抽出したとき，インフルエンザにかかった人が 9 人以下である確率を求めよ．

（解答） 東京都の人口は 1 千万人以上であり，二項分布の仮定が満足されているから，インフルエンザにかかった人が 200 人中 9 人以下である確率は二項分布の和

$$\sum_{x=0}^{9} {}_nC_x P^x (1-P)^{n-x}$$

で与えられる．ここで $n=200$, $P=0.1$ であり $nP=20$, $n(1-P)=180$ より，正規近似ができる．

$$\mu = nP = 200 \times 0.10 = 20$$
$$\sigma = \sqrt{nP(1-P)} = \sqrt{200 \times 0.1 \times 0.9} = 4.24$$
$$z = (19.5-20)/4.24 = -0.12$$

従って，$\Pr(X<19.5) = \Pr(z<-0.12) = 0.5 - 0.048 = 0.45$
と計算できる．

練習問題 5

1. 次の括弧内に適当な数値を記入しなさい．

   (1) $N(0, 1^2)$　　　(2) $N(10, \boxed{(4)})$

2. 正規分布表を用いて次の値を求めなさい．

   (1)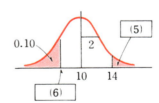

   $K_\varepsilon = 1.25$ のときの ε の値

   $\varepsilon = 0.10$ のとき K_ε の値

   (2) 正規分布 $N(5, 2^2)$ に従う確率変数 X が 3 と 9 の間にある確率

   (3) 正規分布 $N(6, 4^2)$ から取り出した大きさ 4 のサンプルの平均 $\overline{X}$ が 8 よりも

大きくなる確率

3. 飛行場の滑走路の安全設計を行ないたい．従来のデータによれば，飛行機の着陸点は滑走路端より $N(300, 50^2)$，着陸後の滑走距離は着陸点より $N(1000, 100^2)$ という正規分布（単位はメートル）に従うことが知られている．着陸時のオーバーランの確率を 0.1% 以下に押さえるためには，滑走路の長さをいくらにすればよいか．

4. ある私立大学では過去のデータによれば入学試験の合格者のうち入学を辞退する者が 4% である．1000 人の定員を 99% の確率で充足するためには，合格者を何名にすべきか．

5. $\log X$ が正規分布 $N(1, 2^2)$ に従うとき，$\Pr(0.5 < X < 2)$ を求めなさい．

6. 母数の推定

母集団の分布に含まれる平均や分散のような母数は，サンプルからどのように推定されるのであろうか．また，その場合の精度はどの程度なのであろうか．

6.1. 統計的推測

　統計学の主な興味は，サンプルを調べ，そのサンプルが取られたもとの母集団に関する推論を行なうことである．ただし，その推論は母集団を構成している各要素1つ1つが対象となるのでなく，集団的な性質に注目されるのである．例えば，経済学者は2つの産業間の平均賃金の格差とか，サラリーマンの年収1千万円以上の割合など集団的な性質を興味の対象とする．また，品質管理に携わっている人は，工場で大量生産された個々の製品よりも製品全体とか，ロット全体の良否を問題とする．このようないずれの問題においても母集団についての完全な情報を有しているわけでないため，母集団から抽出したサンプルを調べ，その結果を一般化する必要がある．すなわち，部分から全体を推し量る統計的推測を行なわなければならない．その場合，推し量られる対象としての母集団の集団的な性質は母集団分布によって表わされ，母集団に関する推測とは母集団分布に関する推測と同じことである．そして，母集団分布に関する推測は（母集団が正規分布であるとかポアソン分布であるとかいうような）母集団の分布の型に関する問題と，母集団分布に含まれる母数の推測に関する問題とに大別できる．

　最初の分布型の推測については，9章で述べるような「適合度の検定」と呼ばれる分布のあてはめの方法が用いられる．ところが，分布の型が推測できたとしても，分布に含まれる母数の値が具体的に求まっていなければ分布が完全に定まったことにはならない．そこで，推測の第2として母数に関する問題を解決しなければならない．これら2種類の推測はいずれも母集団から取り出され

た少数個のサンプルに基づいて行なわれ，その作業が完了してはじめて母集団全体の集団的性質が明らかになったと考えられる．

以下ではしばらくの間，母数に関する推測の問題を考えることにしよう．一般に，母数に関する推測の問題は推定の問題と検定の問題とに分けることができ，さらに，推定の問題は点推定と区間推定とに分類できる．以上をまとめると

6.2. 推定の問題

日本全国の女子大生からランダムに選ばれた 36 人の女子学生のバストの平均が 80cm であり，母集団（女子大生全体）の標準偏差は 8cm であった．このとき，母集団の平均値（母平均）の推定量としては 2 通り考えられる．その 1 つは，ただ 1 つの数を指定するもので「$\mu=80$cm であると推定する」という形で**点推定** (point estimation) と呼ばれる方法である．もう 1 つの方法は「μ が＿＿ cm と＿＿ cm の間にあると推定する」という形で，**区間推定** (interval estimation) と呼ばれるものである．このように，分布の母数 θ を推定する問題は，点推定と区間推定とに分けることができる．どちらも図 **6.1** のように母集団からのサンプルをもとに確率論を用いて部分から全体を推測することに変わりはないが，考え方が少し異なる．

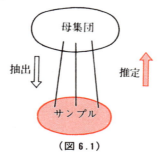

（図 6.1）

(1) 点推定　　母数 θ の点推定とは，大きさ n のサンプル $\{x_1, x_2, \cdots, x_n\}$ に対して，なんらかの計算式（この計算式を θ の推定量という）を用いて

$\hat{\theta}(x_1, x_2, \cdots, x_n)$ なる値(推定量に具体的にデータを代入して計算された値を推定値という)を計算し,この $\hat{\theta}$ を真の母数 θ の値だと考えようという方法である.ここで,θ は一定値であるがわれわれには永久に分からない値であるのに対し,推定値 $\hat{\theta}$ はサンプル $\{x_1, x_2, \cdots, x_n\}$ の取り方が異なれば,違った値となるのが普通である.すなわち,統計量である.この統計量を $\hat{\theta}(X_1, X_2, \cdots, X_n)$ で表わして**推定量**と呼ぶことにする.そして,サンプリングの結果,実際に得られたデータが $X_1=x_1, X_2=x_2, \cdots, X_n=x_n$ のとき,これらのデータ値を推定量に代入することによって得られる $\hat{\theta}(x_1, x_2, \cdots, x_n)$ なる実現値を推定値という.もちろん,推定値は真の母数 θ に近ければ近いほど望ましいが,本来,母数は未知の数であるから,推定値との近さを比較することは困難である.そこで,個々のサンプルを代入して計算される推定値と真の値とを比べないで,推定量を計算するのに使ったもとの計算式(すなわち,推定量)に注目し,なんらかの意味で望ましいものを採用するようにすればよい.その望ましさとしては様々な尺度が提唱されているが,次のような基準が最も一般的である.

1) 正確さ 推定量 $\hat{\theta}$ は統計量であるから分布をもつ.そこで,$\hat{\theta}$ の分布の平均値 $E\{\hat{\theta}\}$ が真の値 θ に一致していれば,ある意味で望ましいと考えられる.すなわち,

$$E\{\hat{\theta}\} = \theta \quad (6.1)$$

が成り立てばよい.この関係式は

$$E\{\hat{\theta} - \theta\} = 0$$

とも書くことができ,誤差 $(\hat{\theta}-\theta)$ の平均が 0 であると解釈できる.このことは,大きさ n の種々のサンプルを用いて $\hat{\theta}$ の計算式で何度も θ の推定値を計算すれば,それらの推定値の平均が真の値 θ に一致し,誤差が平均的に 0 であることを示している.このような性質を満足する推定方式を**不偏推定量**(unbiased estimator)と呼び,最も望ましい性質と考える.

(例6.1) 大きさ n のサンプル $\{x_1, x_2, \cdots, x_n\}$ から母平均 μ を推定するのにサンプルの平均 $\overline{X} = \hat{\theta} = (X_1+X_2+\cdots+X_n)/n$ を用いたとしよう.

$$E(\hat{\theta}) = E\{(X_1+X_2+\cdots+X_n)/n\}$$
$$= \{E(X_1)+E(X_2)+\cdots+E(X_n)\}/n$$

が成り立つ.そして,各 $X_1, X_2, \cdots, X_n$ は母平均 μ の母集団からのサンプルであるから

$$E(X_1) = E(X_2) = \cdots = E(X_n) = \mu$$

が満足されている．従って，
$$E(\hat{\theta}) = (\mu + \mu + \cdots + \mu)/n = n\mu/n = \mu$$
となり，$\hat{\theta}$ は μ の不偏推定量であることがわかる．すなわち，サンプルの平均は母集団分布がどのような型の分布であっても常に不偏推定量となっている．これが通常，算術平均を用いて様々な平均と称している1つの理由である（この場合の平均は，本当は母平均 μ であり，$\overline{X}$ とは異なるが，実社会では両方が混同して使われている）．

なお，一般に，1つの母数 θ に対して不偏推定量はいくつも存在することを忘れないでほしい．

母分散の不偏推定量に関する次の例を確かめるには $E\{\sum(X_i - \overline{X})^2\}$ の複雑な計算が必要であるため詳細は省くが内容は非常に重要である．

（例6.2） 大きさ n のサンプル $\{x_1, x_2, \cdots, x_n\}$ から母分散 σ^2 を推定するのに，サンプルの分散
$$\hat{\theta} = \sum(x_i - \overline{X})^2/(n-1) = V \tag{6.2}$$
を推定量として用いれば，$\hat{\theta}$ は σ^2 の不偏推定量である．しかし，$\sqrt{V}$ は母標準偏差 σ の不偏推定量にはならない．とくに，正規母集団 $N(\mu, \sigma^2)$ からの大きさ n のサンプルに対して
$$E(\sqrt{V}) = c_2^* \sigma \tag{6.3}$$
が成り立ち，$\sqrt{V}/c_2^*$ が σ の不偏推定量になる．ここで，c_2^* の値はサンプルの大きさ n に依存し次の表で与えられる．

n	c_2^*
5	0.9400
10	0.9727
50	0.9949

2) 精度 母数 θ の不偏推定量は多数存在するため，どの不偏推定量を採用すべきかが問題となる．その選択基準として推定精度，すなわち，推定量 $\hat{\theta}$ のバラツキ（分散）が取られる．不偏推定量の中で真の値 θ のまわりの分散 $\mathrm{Var}(\hat{\theta})$ を最小にするような推定量を最小分散不偏推定量または最良不偏推定量と呼び，最も望ましい推定量とされることが多い．

(2) 区間推定 母数の点推定では真の値が未知であるためその誤差が不明であるという欠点がある．そこで，母数 θ の値が $\hat{\theta}$ であるというタイプの推定

でなく，2つの数値の間に存在するというタイプの推定を考える場合がある．すなわち，θ の推定値 $\hat{\theta}$（＝一定値）を計算し，$\hat{\theta}-d$ と $\hat{\theta}+d$ の間に θ が存在するという形式の推定を行ない，推定の信頼度も同時に与えておく方法である．ここで，d は信頼度に依存した数である．その一般論は次のように要約できる．大きさ n のサンプル X_1, X_2, $\cdots$, X_n をもとに2つの統計量 $T_1(X_1, X_2, \cdots, X_n)$ と $T_2(X_1, X_2, \cdots, X_n)$ を作り，

$$\Pr(T_1 \leq \theta \leq T_2) = 1 - \alpha \qquad (6.4)$$

を満足するとき，区間 (T_1, T_2) を**信頼係数$(1-\alpha)$の信頼区間**と呼ぶのである．ここで，α はあらかじめ与えられた定数で，T_1, T_2 は θ に無関係とする．このような形式で区間推定が行なわれるが，その具体的手順は 6.3 節で説明する．

以上の2つの推定を行なうためには推定量 $\hat{\theta}$ の分布が必要になる．そこで，次の節では母平均の推定，とくに区間推定に的を絞り，サンプルの平均の統計的な性質について考えよう．

6.3. サンプルの平均の分布と区間推定

医療保険事務所では加入者が1年間に使用する平均医療費を知るために，例えばランダムに選んだ30人の加入者の平均医療費から全体の平均値を推定しようとしている．また，蛍光燈の製造工場では 100 本の蛍光燈の平均寿命をもとにして，その工場で生産されたすべての蛍光燈の平均寿命を推定するのが普通である．これら2つの典型的な統計的推論の例が示すように，母集団から取り出された少数のデータ（サンプル）に基づいて，母集団の特性（その特性は分布および分布のパラメータで記述される）を論じるためには，サンプルの特性，とくに，サンプルの平均の分布を把握しておく必要がある．

4.2節で例を用いて説明したように，平均値 μ, 分散 σ^2 をもつ母集団から復元抽出で大きさ n のサンプルを取り，サンプルの平均 $\overline{X_1}$（添字1はこのサンプルが第1回目の抽出であることを表わしている）を求めよう．次に大きさ n の別のサンプルを取り，この第2回目のサンプルに対する平均を $\overline{X_2}$ とする．以下同様にして，$\overline{X_3}$, $\overline{X_4}$, $\cdots$ を求めていくと，一般に $\overline{X_i}$ $(i=1, 2, \cdots)$ は同一の値にならないのが普通である．そこで，$\overline{X_i}$ に対するヒストグラムを描き，サンプルの回数を増加させると共に区間の幅を小さく取っていくと，大きさ n のサンプルの平均に対する分布が得られる．この分布をサンプルの平

均の分布(または平均値の標本分布)と呼ぶ．この分布は頻度分布であり，統計的推測において最も基本的な概念の1つになっているが，それは母集団とサンプルとの間を結びつける次の性質に基づいている．

（サンプル平均の分布の性質）

$$
\begin{array}{l}
\text{(1) サンプル平均の分布の平均 } \mu_{\bar{X}} = \text{母平均 } \mu \\
\text{(2) サンプル平均の分布の標準偏差 } \sigma_{\bar{X}} = \sigma/\sqrt{n}
\end{array}
\quad (6.5)
$$

(注意) 大きさ N の有限母集団からサンプルを復元せずに抽出したとすれば，サンプル平均の分布の平均はやはり μ であるが，分散の方は

$$\sigma_{\bar{X}}^2 = \sigma^2 (N-n)/n(N-1)$$

で与えられる．ここで，$(N-1)/(N-1)$ を有限修正項と呼ぶ．

上述の2つの性質は分布のパラメータに関する性質であり，母集団の分布の型と無関係に成立するが，両者の分布型に対しては次の関係が成り立つ．

（中心極限定理）

(1) 母集団分布が正規分布ならば，サンプルの平均の分布も正規分布である．

(2) 母集団分布が正規分布でなくても，n が十分に大きくなればサンプルの平均の分布は近似的に正規分布になる．母集団分布が正規分布と異なれば異なるほど近似するには n を大きくしなければならない．実際には $n \geq 30$ 位ならば良い近似になる．

さて，以下ではいま述べたサンプルの平均の分布の性質を利用して，平均に関する種々の確率の計算や母数の推定を行なってみよう．

(例6.3) 平均10，標準偏差3をもつ大きさ100,000の有限母集団から大きさ64のサンプルを取るとき，サンプルの平均値が9と11の間にある確率を求めよう．

$n > 30$ であるから，サンプルの分布は近似的に平均 μ をもつ正規分布と考えても差し支えない．そして，

$$\sigma_{\bar{X}} = \sigma/\sqrt{n} = 3/\sqrt{64} = 0.375$$

であるから，サンプルの平均の分布は右の図のようになる．ただし，この分布はサンプルの平均に対するものであるから横軸は $\bar{X}$ である点に注意してほしい．

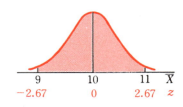

さて，$z=(\overline{X}-\mu)/\sigma_{\overline{x}}=(\overline{X}-\mu)/(\sigma/\sqrt{n})$
を用いて標準正規分布へ変換すれば，$\sigma_{\overline{x}}=0.375$ であるから

$\overline{X}=9$ に対しては　　$z=(9-10)/0.375=-2.67$
$\overline{X}=11$ に対しては　　$z=(11-10)/0.375=2.67$

となる．従って，
Pr $(9<\overline{X}<11)=$ Pr $(-2.67<z<2.67)=2\times$ Pr $(z<2.67)=2\times\{0.50-$ Pr $(z>2.67)\}=2(0.50-0.004)=0.99$ となる．

（例6.4）　平均50，標準偏差10の正規母集団 $N(50,10^2)$ から大きさ25のサンプルを抽出したとき，サンプル平均の95％が入る区間を求めよう．

求める区間(中央の値は50)の曲線下の面積は0.95であるから，$z=0$ の右側の面積 $A(z)$ はその半分の $0.475=\varepsilon$ である．$\varepsilon=0.475$ を与える z の値は $K\varepsilon=1.96$ となる．

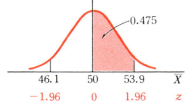

さて，$\mu=50$，$\sigma=10$，$n=25$ とすれば

$$\sigma_{\overline{X}}=10/\sqrt{25}=2$$

であるから

$$z=(\overline{X}-\mu)/\sigma=(\overline{X}-50)/2$$

より，

$$\pm 1.96=(\overline{X}-50)/2$$

となり，$\overline{X}=50\pm 3.92=53.92$ と 46.08，すなわち，サンプルの平均値の95％は 46.1 と 53.9 の間にある．

さて，これらの知識をもとにして分散 σ^2 が既知の場合の母平均の区間推定の問題に移ろう．分散が未知の一般的な扱いは8章で考えよう．

（母分散が既知の場合の母平均の区間推定）

サンプルの平均の分布は正規分布であるから，サンプル平均の95％は標準化した場合，z が -1.96 と $+1.96$ の間にあることがわかる．換言すれば，サンプルの平均値の95％が母平均から標準偏差の1.96倍以内に収まる．

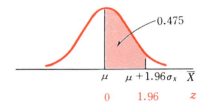

 μ はわからないけれども,その場合でもサンプル平均の分布の標準偏差は $\sigma_{\bar{X}}$ に等しいから,サンプルの平均の 95% は μ を中心として $1.96\sigma_{\bar{X}}$ 内に存在する.女子大生のバストの例では,$\sigma = 8$,$n = 36$,$\sigma_{\bar{X}} = 8/\sqrt{36} = 1.333$ であるから $1.96\sigma_{\bar{X}} = 2.61\mathrm{cm}$ となる.

 この例は次のように解釈できる.「この母集団から選ばれた 10,000 組のサンプルのうちおよそ 9,500 組は母集団を中心として 2.61cm 以内の平均をもち (第 1 グループ),およそ 500 組は母平均から 2.61cm 以上離れた平均をもつ (第 2 グループ).平均が 80cm である特定のサンプルがどちらのグループに入るかはわからないが,第 1 グループにあれば母平均が 80cm を中心として 2.61 以内(すなわち,77.4 と 82.6cm の間)にあるといえる.また,1 組のサンプルをランダムに選べば,そのサンプルの平均が第 1 グループにある確率は 0.95 である」.そこで「母平均が 77.4cm と 82.6cm の間にあると 95% の確しかさで断言できる」.77.4cm から 82.6cm の範囲を信頼区間 (confidence interval) と呼び,77.4 を μ に対する**下側信頼限界**,82.6 を**上側信頼限界**という.そして,区間 (77.4, 82.6) が未知の母数 μ を含む信頼度を小数で表わし,信頼係数と呼ぶ.この係数が 0.95 ならば,多くのランダムサンプルの組を取り,それぞれの組に対する信頼区間を求めれば,それらの 95% が μ を含むものと期待できる.なお,母数 μ は一定値であるから,μ が信頼区間に入る確率が 95% であると述べるのは間違いである.

(例 6.5) ランダムに選ばれた 81 人の日本人成人の英文の平均読書力は 325 文字/分であった.日本の成人全体の読書力の標準偏差は 45 文字/分であることがわかっているとき,全成人の英文の平均読書力に対する 90% 信頼区間を求めよう.

 標準正規分布に従う母集団からランダムに 1 つのデータ z を選べば,それが -1.64 と $+1.64$ の間にある確率は 0.90 である.すなわち,$z = \pm 1.64$ である.$n = 81$,$\sigma = 45$,$\overline{X} = 325$ であり,n は十分に大きいから,この問題に対す

るサンプルの平均の分布は正規分布と考えてもよい．その平均は μ で，標準偏差は

$$\sigma_{\overline{X}} = \sigma/\sqrt{n} = 45/\sqrt{81} = 5 \text{ 文字／分}$$

である．$z = (\overline{X} - \mu)/\sigma_{\overline{X}}$ より，

$$\overline{X} \pm z\sigma_{\overline{X}} = 325 \pm 1.64(5.0) = 325 \pm 8.2 = 316.8 \text{ と } 333.2$$

従って，μ の 90%信頼区間は（316.8，333.2）となる．

以上のことから

　　　μ の信頼区間を求めるためには，信頼限界として

$$\overline{X} - z\sigma_{\overline{X}} \quad \text{と} \quad \overline{X} + z\sigma_{\overline{X}} \tag{6.6}$$

を計算すればよい．

信頼度としてしばしば採用されるのは，90%，95%，98%，99% などであるが，それぞれの信頼度に対する z の値は次の表のようになる．

信頼度	90%	95%	98%	99%
z	1.64	1.96	2.33	2.58

（例 6.6） $n=81$，$\sigma=45$，$\overline{X}=325$ のとき，μ に対する 90%，95%，98%，99% 信頼区間を求めよ．

$\sigma_{\overline{X}} = 45/\sqrt{81} = 5.0$　より次表をうる．

信頼度	z	$z\sigma_{\overline{X}}$	信頼区間	区間の幅
0.90	±1.64	8.2	316.8 ⋯ 333.2	16.4
0.95	±1.96	9.8	315.2 ⋯ 334.8	19.6
0.98	±2.33	11.7	313.4 ⋯ 336.7	23.4
0.99	±2.58	12.9	312.1 ⋯ 337.9	25.8

この例からも明らかなように，信頼度を 1 に近づければ近づけるほど区間の幅を大きくとらなければならない点に注意してほしい．

（例 6.7） 7200 人の学生のいる大学で，ランダムに選ばれた 36 人の学生の平均体重が 56kg であった．全学生の体重の標準偏差が 8kg であることがわかっているとき，この大学の学生の平均体重の 90%信頼区間を求めよう．

$\overline{X} = 56$，$\sigma_{\overline{X}} = 8/\sqrt{36} = 1.33$ で，90%の信頼度のときには，$z = \pm 1.64$ であるから

$$\overline{X} \pm z\sigma_{\overline{x}} = 56 \pm 1.64 \times 1.33 = 56 \pm 2.18 = 58.2 \text{ と } 53.8$$

従って，この大学のすべての学生の平均体重の 90% 信頼区間は (53.8, 58.2) である．

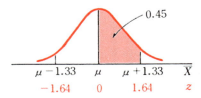

最後にここで注意していただきたいことは，機械的に計算を進めるのではなく，その意味を理解しておいてほしいということである．すなわち，この例では「90% の信頼区間を求めたいとき，正規分布表から $\Pr(-1.64 < z < 1.64) = 0.90$ なることがわかる．次に，ランダムに選ばれたサンプルの平均値は μ から $1.64 \times 1.33 = 2.18$ 以内にある確率が 0.90 である．いま，得ているサンプルはランダムであり，平均が 56 である．従って，$56 - 2.18$ と $56 + 12.18$ の間が μ を含むことを 90% の信頼度でいえる」のような意味を含んでいるのである．

さて，次に母分散 σ^2 が未知で $n \geq 30$ の場合の母平均 μ の区間推定の問題に触れておこう．

（母分散 σ^2 が未知で $n \geq 30$ の場合の母平均 μ の区間推定）

母平均 μ の区間推定の公式 (6.6) においては，母分散 σ^2 の値が既知でなければ信頼限界が一定値にならないため，そのまま用いることはできなかった．そこで，母分散 σ^2 が未知のとき，σ^2 の代わりにその不偏推定量 V を代入してみよう．（例 6.2 を参照のこと）．すると，大きさ n のサンプルの平均 $\overline{X}$ の分布は平均 μ，分散 σ^2/n をもつことより，分散は V/n となる．しかし，この量は一定値でなく統計量であるから，分散とは考えることができない．従って，特別な工夫が必要となるが，この点に関しては次章で考えよう．ただし，$n \geq 30$ なる条件が満足されるならば，$\sigma^2_{\overline{x}}$ は V/n で近似できることが知られているから，その事実を利用すれば信頼区間の公式 (6.6) を適用できる．

（例 6.8） T大学の学生 36 人をランダムに選び，その体重を測定したところ，平均体重は 56kg で，標準偏差が 10kg であった．この大学の学生全体の平均体重の 95% 信頼区間を求めよう．

$\overline{X} = 56, n = 36, \sqrt{V} = 10$ であり，母標準偏差は未知であるから，

$$\sigma_{\overline{x}} = \sigma/\sqrt{n} = 10/\sqrt{36} = 1.667$$

信頼係数が 0.95 であるから，$z = \pm 1.96$，従って，
$$\overline{X} \pm z\sigma_{\overline{x}} = 56 \pm 1.96 \times 1.667 = 56 \pm 3.27 = 52.73 \quad \text{または } 59.27$$
従って，95%信頼区間は (52.7, 59.3) である．

以上のことから，サンプルの平均の分布が(近似的に)正規分布であることが保障されていない場合には上述の式 (6.6) を用いて信頼区間を求めることはできない．すなわち，上の式が適用できるのは母集団が正規分布に従うか，サンプルの大きさが少なくとも 30 以上でなければならない．

6.4. 離散分布の母数の推定

データが整数値しか取らない離散分布の場合にその母数を推定したいことがしばしば生じる．例えば，工場で製造された製品の 1 山 (1 ロット) の不良品の割合 (不良率) や織物の単位面積当たりの傷の個数などがその好例である．これらの分布に含まれる母数を一般に P で表わそう．母集団分布が二項分布の場合には P は成功の確率に相当し，ポアソン分布の場合には平均値 λ を表わしている．さて，大きさ n のサンプルが与えられたとする．このとき，各サンプルは二項分布では成功 S か失敗 F か，ポアソン分布では整数値 x ($= 0, 1, 2, \cdots$) で表わされている．この場合，母数の点推定は連続変数の場合とほとんど同じである．すなわち，

二項分布では n 個のサンプルの中で成功 S の回数が x 回ならば，サンプルの比率 (統計量) を $p = x/n$ とするとき，二項分布の性質から
$$E(p) = P \qquad \text{Var}(p) = P(1-P)/n \qquad (6.7)$$
なる関係があったから，p が母数 P の不偏推定量となる．

ポアソン分布では
$$E(x) = \lambda \qquad \text{Var}(x) = \lambda \qquad (6.8)$$
であるから，単位当たりの観測数 x が母数 λ の不偏推定量になる．

次に二項分布の母数 P の区間推定を考えよう．そのためにはサンプルから作られる成功の比率 $p = x/n$ の分布を求めなければならない．この分布は二項分布で，成功の確率 P の母集団から大きさ n のサンプルを取るとき (n 回の試行を行なうとき)，n 回のうち r 回成功する確率を求めればよく，
$$\Pr(r) = {}_nC_r P^r (1-P)^{n-r}$$
で与えられる．いま，n 個のサンプル中に x 回成功するデータがあれば，信頼

度 $1-\alpha$ の信頼区間の上限 P_U と下限 P_L はそれぞれ

$$P_U : \sum_{r=0}^{x} {}_nC_r P^r (1-P)^{n-r} = \alpha/2$$

$$P_L : \sum_{r=x}^{n} {}_nC_r P^r (1-P)^{n-r} = \alpha/2$$

を満足する P で与えられる．この２つの式を満たす P は厳密には 10 章で述べる F 分布を用いれば求められる．ここでは，$nP \geq 5$ ($P \leq 0.5$) ならば二項分布は近似的に正規分布となることを利用して，近似的な信頼区間を求めておこう．すなわち，サンプルの比率 $p=x/n$ は近似的に平均 P，分散 $\sigma_p^2 = P(1-P)/n$ の正規分布に従い，しかも分散 σ_p^2 は $p(1-p)/n$ で近似できるから

$$z = (p-P)/\sigma_p$$

は標準正規分布となる．従って，信頼度 $1-\alpha$ の信頼区間の下限 P_L と上限 P_U はそれぞれ

$$P_L = p - K_{\frac{\alpha}{2}} \sigma_p \qquad P_U = p + K_{\frac{\alpha}{2}} \sigma_p \tag{6.9}$$

で与えられる．ただし，$p=x/n$, $\sigma_p^2 = p(1-p)/n$ である．

（例 6.9） ある都市の市長選挙の結果を予測するために，A 候補に投票予定の人数を調べることにし，ランダムに選ばれた 1000 人に投票予定を問い合わした結果 520 人が A 候補を支持していた．この都市で A 候補に投票する人の比率 P の 95% 信頼区間を求めなさい．

（解答） $p=520/1000=0.52$ より $np=1000\times 0.52 > 15$, $n(1-p)=1000\times 0.48 > 15$ であるから，比率 P のサンプルの分布は近似的に正規分布とみなしてもよい．従って，$\sigma_p^2 = P(1-P)/n$ は $p(1-p)/n$ で近似でき，

$$\sigma_p = \sqrt{(0.52\times 0.48)/1000} = 0.0158$$

となり，$K_{\frac{\alpha}{2}} \times \sigma_p = 1.96\times 0.0158 = 0.031$ より，0.52 ± 0.031 が P の 95% 信頼区間となる．

同様にして，ポアソン分布に対しては $\lambda \geq 5$ の条件が満足されていれば，ポアソン分布を正規近似することができ，母数 λ に対する信頼度 $1-\alpha$ の信頼限界は

$$\left. \begin{array}{l} \lambda_L = x - K_{\frac{\alpha}{2}} \sqrt{x} \\ \lambda_U = x + K_{\frac{\alpha}{2}} \sqrt{x} \end{array} \right\} \tag{6.10}$$

で与えられる．

（例 6.10） ある美容室にやってくる客の人数をランダムに４日間調査する

と，45人，35人，48人，37人であった．1日平均の来客人数 λ の95%信頼区間を求めなさい．

（解答） $\lambda \geq 5$ の条件は満足されているとみなされるから正規近似できる．
$$\bar{x} = (45+35+48+37)/4 = 41.25$$
より　　$K_{\frac{\alpha}{2}} = K_{0.025} = 1.96$
$$\lambda_L = \bar{x} - K_{\frac{\alpha}{2}} \sqrt{\bar{x}/n} = 41.25 - 1.96\sqrt{41.25/4} = 34.96$$
$$\lambda_U = \bar{x} + K_{\frac{\alpha}{2}} \sqrt{\bar{x}/n} = 41.25 + 1.96\sqrt{41.25/4} = 47.54$$
となる．

練習問題 6

1. 平均 μ，分散 σ^2 をもつ母集団から抽出した大きさ n のランダムサンプルを $(X_1, X_2, \cdots, X_n)$ とする．
    (1) $\sum(X_i - \mu)^2/n$　　(2) $\sum(X_i - \bar{X})^2/(n-1)$
   は母分散 σ^2 の不偏推定量であることを示しなさい．

2. 半径 μ の円の面積 $A = \pi\mu^2$ を推定する問題を考えよう．半径を n 回測定し，測定値として $x_1, x_2, \cdots, x_n$ が得られた．ただし，各 x_i $(i=1, 2, \cdots, n)$ は互いに独立に正規分布 $N(\mu, \sigma^2)$ に従うとする．測定値の平均を $\bar{X}$ とするとき，次の設問に答えなさい．
    (1) $E(\bar{X}^2)$ を計算しなさい．
    (2) 円の面積 A の不偏推定量を求めなさい．

3. 4個のデータ $\{0, 4, 8, 16\}$ から構成されている母集団がある．
    (1) この母集団から大きさ2のサンプルを取り出したとき，サンプルの平均の分布を調べなさい（例えば，16組のデータを取ってみなさい）．
    (2) サンプルの分布の平均と標準偏差を求めなさい．
    (3) 母集団のデータを用いて μ と σ を求め，(2)の結果と比較しなさい．

4. 正規母集団 $N(\mu, 1^2)$ から取り出された大きさ5のランダムサンプルに基づいて平均 μ の95%信頼領域を $(\bar{X}, \mu)$ 平面に図示しなさい．

5. 誕生後3週間を経たにわとりの平均体重は82g，標準偏差は8gであることが知られている．誕生後3週間を経たにわとりをランダムに36羽選び，その体重を測定した時，平均体重が80.7と83.6の間にある確率を求めなさい．

6. 我が国の全有権者からランダムに1800人を選び保守政党を支持しているか否かを尋ねた．その結果，750人が支持していると答えた．全有権者の保守政党の支持率の95%信頼区間を求めなさい．

7. 仮 説 検 定

前章では母平均や母比率といった母数に関する推定の問題を取り扱ったが，本章では母数に対して仮説を立て，母集団からのサンプルに基づいてその仮説の真偽を判定する方法について考えよう．

7.1. 仮説検定の考え方

あるコインに対して「歪みがない」という仮説（すなわち，$P=1/2$）を立ててみよう．このコインを100回投げたとき，ちょうど50回表が出れば$P=1/2$という仮説は真であると考えるはずである．また，49回表が出ても「サンプルの方に少し問題があったからで，$P=1/2$だと思う」と答えるはずである．ところが100回投げたうち1回しか表が出なければ，コインは歪んでいると考え，$P=1/2$という仮説はおかしいと主張するだろう．その根拠は，$P=1/2$ならば100回のうち1回表が出る確率は，$100!\,(1/2)^1\,(1/2)^{99}/99!$という0に極めて近い値であり，そのような出来事がたまたま起こったとは考え難いからである．100回投げた結果，1回しか表が出ないというサンプルがたまたま生じたと考えるよりも，$P=1/2$なる仮説の方を疑うのが自然である．すなわち，**統計学では「稀な現象が生じた」というような奇跡を認めず，最初の仮説の方を疑うのである．**このような態度で臨めば，この場合$P=1/2$なる仮説を捨てたとしても，誤って捨てる確率は非常に小さいと考えられる．100回のうち49，50，51回程度表が出れば$P=1/2$という仮説は真であると考えるはずであり，一方，0か99回出れば仮説を捨てるだろう．しかし，例えば38回とか60回表が出ればどのように判断すればよいだろうか．このような質問に対する科学的な解答が仮説検定と呼ばれる方法であり，一般に，次のような手順を踏むことになる．

(1) 仮説の設定

(2) 仮説が捨てられる (棄却される) とき,受け入れる別の仮説 (対立仮説) を予め定めておく.
(3) 仮説を棄却するためのルールの設定
(4) 母集団からランダム・サンプルを取り出し,サンプルの平均や分散などの適当な統計量を計算する.
(5) 予め定めておいた小さな基準値 α との大小比較によって仮説を棄却するか否かの判定を行なう.

 一般に「仮説が真である」という場合には必ず「もし」という条件がついている点に注意してほしい.ニュートンは 17 世紀に重力の法則 (又は仮説) を定式化し,200 年以上もの間様々な角度からテストされ,その法則は常に成り立つ法則であるかのように考えられていた.しかし,アインシュタインが相対性理論を展開し,ある条件下ではニュートンの仮説を棄却すべきであることを指摘した.このように科学的なテストの結果,仮説が棄却されればその仮説は間違いで,別の仮説を樹立すべきであると考えられる.ところがテストの結果,仮説が真であるように見えてもその仮説を棄却できないだけで,必ずしも正しいということを証明したことにはならない.統計的検定も全く同様であり,帰無仮説を「棄却する」か「棄却できない」かを判断するわけである.

7.2. 帰無仮説と対立仮説

 統計的な仮説検定では,対象となる仮説を受け入れる(採択する)場合よりも棄却できる場合の方が意味のあることが多い.そこで,検定の対象となる仮説のことを**帰無仮説**またはゼロ仮説と呼び,H_0 (H naught と読む) で表わす.前節のコインの例では,帰無仮説は「コインが正しい」という仮説であって

$$H_0 : P = 1/2$$

なる記号で表わすことができる.
 H_0 はいつでも母平均や母分散など母数に関する事柄であって,サンプルやサンプルの統計量に関するものではない.すなわち,H_0 は $\mu = 100$ とか $\mu_X - \mu_Y = 5$,$\sigma^2 = 3.0$ のように等式の形で与えられ,不等式 $\mu \geq 15$,$\mu < 16$ や統計量を用いた $\overline{X} = 5$,$V = 5.20$ などの形をとることはない点に注意してほしい.
 (例 7.1) T 社から糸を購入し,パンストを製造している工場がある.1 本の糸の長さを 130m であるように T 社に要求しているが,T 社から納入され

た糸からランダムに 36 本を抽出し，その長さを測定した結果，平均 127m，標準偏差 5m であった．有意水準 5% でこの糸を受け入れることができるか．この検定問題の H_0 を求めてみよう．

T 社で製造されている糸の長さが 130m であることを要求しているのであるから，H_0 は $\mu = 130$m である．H_0 を $\overline{X} = 127$m と考えた人は，上で述べたように H_0 が母集団に関する仮説であることを思い出してほしい．

（例 7.2） 数年前の私立大学の教授の平均年収は国立大学法人の教授よりも 100 万円多かった．ランダムに選ばれた 100 人の私立大学の教授の昨年の年収は平均 870 万円，標準偏差 90 万円であった．一方，ランダムに選ばれた国立大学法人の教授 200 人の平均年収は 750 万円，標準偏差は 100 万円であった．昨年度の年収を考えるとき，私立大学の教授の方が国立大学法人の教授よりも 100 万円以上多いといえるか．

X を私立大学の教授の年収，Y を国立大学法人の教授の年収とすれば

$$H_0 : \mu_X - \mu_Y = 100 \text{ 万円}$$

と表わせる．

仮説 H_0 が棄却されたとき，別の仮説として採択されるものを H_1 なる記号で表わし，**対立仮説**と呼ぶことにする．H_1 も H_0 と同じようにサンプル値には無関係で，サンプルを調べる前に定めておかなければならない．コインの正確さに注目する場合には，$H_0 : P = 1/2$ であり，H_1 は，例えば，$P \neq 1/2$ とか，$P > 1/2$ あるいは $P = 0.1$ などが考えられる．仮説検定においてしばしば用いられる H_1 の形を次表でまとめておこう．ただし，A, B, C, D は定数である．

H_0の形	H_1の形
$\mu = A$	$\mu \neq A$ または $\mu > A$ または $\mu < A$
$P = B$	$P \neq B$ または $P < B$ または $P > B$
$\mu_x - \mu_y = C$	$\mu_x - \mu_y \neq C$ または $\mu_x - \mu_y < C$
	または $\mu_x - \mu_y > C$
$P_x - P_y = D$	$P_x - P_y \neq D$ または $P_x - P_y > D$
	または $P_x - P_y < D$

一般に，対立仮説 H_1 の形が帰無仮説 H_0 を棄却するか否かの決定に重大な影響を与えるため，H_1 の取り方を十分考慮しなければならない．仮説検定では後で述べるように，H_0 が棄却される場合のみ自信のある結論を主張できる

という性質がある．従って，後述の適合度検定の場合は別として，仮説検定では H_1 には検定の結果望んでいる内容を盛り込み，H_0 を棄却する方向で行なうものであると極論できる．

7.3. 決定のルール

　仮説検定では H_0 が棄却されると H_1 が採択されるため，ある仮説 H_0 を棄却すべきか否かを判断するための基準は，大多数の人々が納得するものでなければならない．その基準は，サンプルをもとに設定しておく必要があり，しかも，サンプルを取る前に予め定めておかなければならない．当然すべてのサンプルが基準の中で同等に扱われるようにしておくべきで，通常はサンプルの平均や分散のような統計量が基準として採用される．すなわち，サンプルから作られた統計量の実現値が，予め定められた値（これにより客観性が保証される）にかなり近ければ，仮説が真であるとみなして採択する．ところが，その実現値が全くの偶然により極めて起こり難いものと考えられるなら，仮説を棄却する．このように，帰無仮説は真か偽かのいずれかであり，検定の結果は棄却されるか，棄却されないかのどちらかである．従って，仮説が真であるときに棄却できないか，または，仮説が偽であるときに棄却する場合には，検定になんら誤りはない．ところが，仮説が真であるのに棄却したり，偽であるのに棄却しない場合にはそれぞれ誤りが生じる．これら2種の誤りを次のように第1種の過誤，第2種の過誤と呼ぶ．

（定義7.1） 　H_0 が真であるのに棄却するとき，**第1種の過誤**
　　　　　　　H_0 が偽であるのに棄却しないとき，**第2種の過誤**

と呼ぶ．そして，第1種の過誤の確率を**危険率**または**有意水準**と呼び，α で表わす．また，第2種の過誤の確率を β で表わす．以上の関係は次のような表でまとめられる．

検定結果	H_0	
	真ならば	偽ならば
棄却しない	誤りなし	第2種の過誤（β）
棄却する	第1種の過誤（α）	誤りなし

（例7.3） 　あるコインが正確であるかどうか（$H_0 : P = 1/2$）を調べるのに，このコインを4回投げることにした．H_1 として，$P = 0.3$ または $P = 0.1$ と取

り，次のような基準を採用した場合，α, β を求めよう．
(1) H_0 を決して棄却しない
(2) 0 か 4 回表が出れば H_0 を棄却する
(3) 0, 1, 3, 4 回表が出れば H_0 を棄却する
(4) つねに H_0 を棄却する

（解答） 上述の 4 つの基準によれば，α, β は 2 項分布表を利用して次のようになる．
(1) H_0 を決して棄却しないので，仮説が真であるのに棄却される確率 α は 0 である．また，仮説の真偽にかかわらず H_0 を採択するから $\beta=1$ である．
(2) $\alpha = \Pr$ (4 回のうち 0 か 4 回表が出る：$P=0.5$) $= 0.062 + 0.062$
$= 0.125$，そして，$P=0.3$ なら $\beta = \Pr$ (1, 2, 3 回表が出る)
$= 0.412 + 0.265 + 0.076 = 0.753$ であり，$P=0.1$ なら $\beta = \Pr$ (1, 2, 3 回表が出る) $= 0.292 + 0.049 + 0.004 = 0.345$ となる．
(3) $\alpha = \Pr$ (0, 1, 3, 4 回表が出る：$P=0.5$) $= 1 - \Pr$ (2 回表が出る)
$= 1 - 0.375 = 0.625$，$P=0.3$ なら $\beta = \Pr$ (2 回表が出る) $= 0.265$，$P=0.1$ なら $\beta = \Pr$ (2 回表が出る) $= 0.049$
(4) 仮説が真であっても H_0 がつねに棄却されるから $\alpha = 1.00$ である．従って，$\beta = 0$ である．以上をまとめると次の表のようになる．

H_0 を棄却	α	β の値	
		$H_1: P=0.3$	$H_1: P=0.1$
決して棄却しない	0	1.0	1.0
0, 4 回表なら	0.125	0.753	0.344
0, 1, 3, 4 回表なら	0.625	0.265	0.049
常に棄却	1.00	0	0

上の例では 4 種類の決定基準を考え，表の出る回数が適当な 2 つの限界値内にあれば H_0 を棄却せず，限界外ならば棄却した．その結果 α が定まった．ところが，通常は先に α の値を任意に与え，次のその α に応じて H_0 を採択する限界値を定めるという方法を採用することが多い．その場合，H_1 の形によって限界の形が定まるが，$\mu \neq --$ とか $P \neq --$ のように「$\neq$」なる記号を含むときには，両側検定と呼ばれるタイプになり，一方，H_1 が $\mu > --$ とか $P < --$ のような不等式で表わされるときには片側検定と呼ばれるものが採用される．以下では正規分布を基礎にしたこれら 2 種類の検定法について説明しておこう．

1) 両側検定

両側検定は対立仮説 H_1 が「$\mu \neq --$」とか「$P \neq --$」のように「$\neq$」の形をした場合に採用される検定法である．与えられた有意水準 α で帰無仮説 H_0 を棄却するか否かの決定基準はサンプルの分布の両端の面積をそれぞれ $\alpha/2$, これに対応する z の値を z_1, z_2 とすれば，サンプルから計算された統計量に対応する z の値が z_1 と z_2 の間に落ちれば H_0 を棄却しないという形式で検定される（図7.1を参照のこと）．

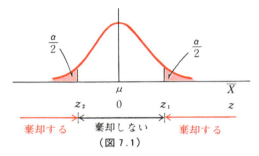

（図7.1）

両側検定は具体的には次のように行われる．

(1) 有意水準 α を任意に選ぶ．通常は 0.05 とすることが多いが，場合によっては 0.01 や 0.10 のような小さな値が取られることもある．

(2) 正規分布の両端の部分の面積がそれぞれ $\alpha/2$ となるように z の値を定める．有意水準 α に対する z の値は次のようになる．

α	0.10	0.05	0.01
z	±1.64	±1.96	±2.58

ところが，対立仮説 H_1 が $\mu < --$ とか $P > --$ のような形をしている場合には片側検定が用いられる．ただし，H_1 はサンプルを取る前に定めておかなければならないから，検定が両側か片側かもサンプルを取る以前に定まっている．

(3) サンプルを取り，そのサンプルに基づく適当な統計量（$\overline{X}$, p, $\overline{X-Y}$ など）に対する z の値を求める．z の値が(2)で定めた限界内に落ちれば，H_0 を棄却しない．外側に落ちれば H_0 を棄却する（H_1 を採択する）．

（例7.4） 我が国の高校生の知能指数(IQ)の平均は110，標準偏差は10である．A高校生49名をランダムに選び，IQを調べたところ，49名の平均は112

であった．A 高校生の IQ の平均は我が国の高校生の平均と差があるといえるか．有意水準 5％ で検定せよ．

（解答） H_0：$\mu = 110$（母集団は A 高校生全体から構成されており，A 高校生の平均 IQ が我が国の全高校生の平均 IQ と等しいことを表わしている）．

$$H_1: \mu \neq 110 \qquad (\alpha = 0.05)$$

サンプルからの情報としては，$n=49$，$\overline{X}=112$ である．そこで，平均 110，標準偏差 $\sigma/\sqrt{n} = 10/\sqrt{49} = 10/7$ のサンプルの分布に注目しよう．仮説が真であるときに H_0 を棄却する確率は 0.05 であるから，図 7.2 の色付部に対応する z の値は ± 1.96 となる．すなわち，サンプルの平均に対応する z の値が -1.96 以下か，$+1.96$ 以上ならば H_0 を棄却すべきであるということになる．このような状況が訪れる確率が極めて小さい（5％以下）から，サンプルの抽出の際の変動で生じるとは考えられず，H_0 が偽だから起こると考えるのである．

一方，H_0 が真のときには z の値が -1.96 と $+1.96$ の間に落ちる確率は 0.95 である．したがって，H_0 を棄却することはできない．

49 名の A 高校生に対する z の値は $(112-110)/(10\sqrt{49}) = 1.40$ であるから，-1.96 と $+1.96$ の間，すなわち，棄却しない領域内に落ちる．従って，仮説 H_0 を採択することになる．このことは，消極的にではあるが A 高校生の IQ の平均は我が国の高校生の平均 IQ と同じであるといえる．

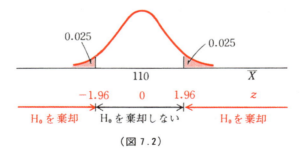

（図 7.2）

（例 7.5） ある経済学者が 1990 年に日本のホワイトカラーとブルーカラーの年収を比較し，ホワイトカラーの方が平均として 10 万円多いことを観察した．2000 年にも同様の調査を行ない，ランダムに選んだ 100 人のホワイトカラーの平均年収は 570 万円，標準偏差は 20 万円，ブルーカラーの方は 81 人のランダムサンプルで平均 550 万円，標準偏差は 10 万円であった．有意水準 5％ でホワイトカラーとブルーカラーの年収の差は 2000 年も変わっていないといえ

るか.

(解答) X をホワイトカラー,Y をブルーカラーとする.2000年のホワイトカラーの平均年収がブルーカラーの平均年収よりも10万円多いかどうかを調べているから,H_0:$\mu_X - \mu_Y = 10$ 万円 と書ける.また,2000年の平均年収の差が変わったかどうかを知りたいわけだから

$$H_1 : \mu_X - \mu_Y \neq 10 \text{万円}$$

となる.例7.5と同様にして H_1 の形($\neq$)から両側検定になる.2つのサンプルの平均同志の差を求め,その差に対する z の値が極端に大きいか,または小さければ H_0 を棄却することにしよう.有意水準5%に対応する z の値は図のように両側検定なることを考慮すれば $z = \pm 1.96$ である.従って,$n_X = 100$,$s_X = 20$,$\sigma_{\bar{X}} = 20/\sqrt{100} = 2$,$n_Y = 81$,$s_Y = 10$,$\sigma_{\bar{Y}} = 10/\sqrt{81} = 1.11$ より $\sigma_{(\bar{X}-\bar{Y})} = \sqrt{2^2 + 1.11^2} = 2.287$ となり $\overline{X} = 570$,$\overline{Y} = 550$ を用いて $z = \{(\overline{X}-\overline{Y}) - (\mu_X - \mu_Y)\}/\sigma_{(\bar{X}-\bar{Y})} = \{(570-55)-10\}/2.287 = 4.373 > 1.96$ より,H_0 を棄却する.従って,ホワイトカラーとブルーカラーの年収の差が2000年では10万円でないという対立仮説の方を採択することになる.ここで,注意すべきことはこの検定の結果,平均の差が2000年には10万円以下であるとも,以上であるとも断定できない点である.

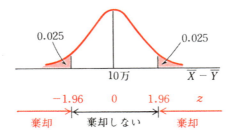

2) 片側検定

対立仮説 H_1 が「$\mu < --$ とか $P > --$」のような不等式の形で与えられている場合の片側検定について述べることにしよう.例えば,H_0 が $\mu = 100$ のような形であるとし,H_1 が $\mu > 100$ であるとしよう.この仮説は,サンプルが100以上の平均をもつ母集団からのものというよりも平均100をもつ母集団から抽出されたものであると考えた方が合理的であることを表わしている.従って,棄却域は両側検定の場合のように2箇所に分離せずサンプルの分布の片端となり,この片端の面積が $\alpha/2$ でなく α である.だから,それに対応する z の値

も異なったものになる．しばしば用いられる α の値と z の値は次表の通りである．

α \ z	両側	片側<	片側>
0.10	1.64	−1.28	1.28
0.05	1.96	−1.64	1.64
0.01	2.58	−2.33	2.33

両側検定（$\alpha=0.05$）
　　H_0：$\mu=100$
　　H_1：$\mu\neq100$

片側検定（$\alpha=0.05$）
　　H_0：$\mu=100$
　　H_1：$\mu>100$

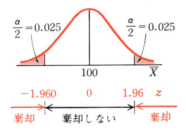
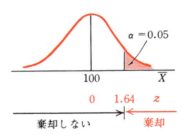

（**例7.6**）　生後1年の犬は標準食を与えた場合には1か月に平均100g，標準偏差40gの割合で体重が増加する．ランダムに選ばれた50尾の1歳の犬に特別なドッグフードを与えると，1か月で体重が平均115g，標準偏差30g増加した．このドッグフードは1歳の犬の体重増加に効果があるといえるか．有意水準1％で検定しなさい．

（**解答**）　H_0：$\mu=100$g，　H_1：$\mu>100$g　（$\alpha=0.01$．；片側検定）
$z>2.33$ ならば H_0 を棄却すればよい．
　$z=(115-100)/(40/\sqrt{50})=2.65>2.33$

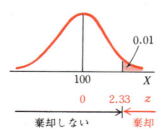

であるから，有意水準1%でドッグフードは1歳の犬の体重増加に効果があるといえる．

7.4. 第1種と第2種の過誤

サンプルの分布を利用して H_0 を検定する場合，実際に成立することを願っている仮説は H_1 であるから，第1種の過誤（起こる確率は有意水準 α そのものである）の方が第2種の過誤（確率 β で起こる）よりも重要視される．このような2種類の過誤の確率 α, β の間には大雑把に次のような性質がある．

(1) α が増加（減少）すると β は減少（増加）する．従って，両方とも同時に小さくすることはできない．
(2) 与えられた α に対して，対立仮説 H_1 が（$\mu=50$ や $P=0.30$ のような）等式の場合には β の値（μ や P に依存する）が一意的に定まるが，不等式の場合には一意的には定まらない．
(3) 与えられた α に対して，β の値はサンプルの大きさを増加させると減少する．
(4) H_0 が棄却されるとき，誤判定の確率は α 以下であるから「H_1 である」と積極的に断定できる．しかし，H_0 を棄却できないときには誤判定の確率がわからないから「H_0 である」とは消極的にしか言えない．

（例7.7） 電球の製造工場では製品の基準を平均寿命が1000時間，標準偏差を40時間にしている．ある単位量の製品の山（これを1ロットと呼ぶ）から64個のサンプルをランダムに取り出して寿命を調べた．
(1) サンプルの平均寿命が幾ら以上なら，そのロットを合格としてよいか，有意水準5%と1%で答えなさい．
(2) $\alpha=5\%$ および 1% のとき，H_1 が $\mu=987$ なら β はいくらか．
(3) α を 5% から 1% に減少させれば，β はどのようになるか．

（解答） H_0 : $\mu=1000$, H_1 : $\mu<1000$ （片側検定）
(1) $\alpha=5\%$ なら $z=-1.64$, $\sigma_{\overline{X}}=40/\sqrt{64}=5$, 従って，$z=(\overline{X}-\mu)/\sigma_{\overline{X}}$ より $-1.64=(\overline{X}-1000)/5$, すなわち，$\overline{X}=991.8$ 時間となる．だから $\overline{X}>991.8$ 時間ならば合格としてよい．
$\alpha=1\%$ なら $z=-2.33=(\overline{X}-1000)/5$, 従って，$\overline{X}>988.4$ 時間ならば合格とする．

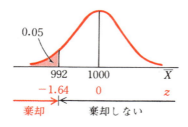

(2) 定義によって β は H_0 を棄却すべきであるのに誤って採択する確率であるが，これは H_1 を採択すべきであるのに H_1 を誤って棄却する確率であるとも解釈できる．$\mu=987$（H_1 が真）ならば，サンプルの平均の分布は 13 時間だけ左へ移動する．そのとき，z と $\overline{X}$ の対応関係は σ を不変と仮定して

$$z=(\overline{X}-\mu)/\sigma_{\overline{x}}=(\overline{X}-987)/5$$

で与えられる．(1) では $\alpha=5\%$ の場合，$\overline{X}>991.8$ 時間ならば H_0 を棄却することにした．従って，

$\beta=\Pr(\overline{X}>991.8\,;\,\mu=987)=\Pr(z>(991.8-987)/5)=\Pr(z>0.96)=0.5-0.33=0.17$

となる．

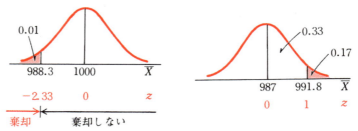

同様にして，$\alpha=1\%$ のときには $\overline{X}>988.3$ ならば合格としたから

$\beta=\Pr(\overline{X}>988.3\,;\,\mu=987)=\Pr(z>(988.3-987)/5)=\Pr(z>0.26)$
$=0.5-0.102=0.40$

(3) α と β の間の関係は

α	0.05	0.01
β	0.17	0.40

より，α が減少すれば β が増加する．

（例7.8） 前例の(2)で H_1 が(1) $\mu=977$ (2) $\mu=982$ (3) $\mu=987$ (4) $\mu=992$ (5) $\mu=997$ で与えられるとき，β の値を求めなさい．ただし，$H_0: \mu=1000$，$\sigma=40$，$n=64$，$\alpha=5\%$ とし，$\overline{X}>991.8$ ならば，H_0 を棄却しない．

（解答）

（解答）	$H_1: \mu=$	$z>$ なら H_1 を棄却	β
（1）	977	(991.8−977)/5	0.002
（2）	982	(991.8−982)/5	0.025
（3）	987	(991.8−987)/5	0.17
（4）	992	(991.8−992)/5	0.52
（5）	997	(991.8−997)/5	0.85

上の結果を用いて，横軸に H_1 を表わす μ の値，縦軸に β の値を取り，グラフを描くと図のような曲線が得られる．この曲線を特性曲線または OC 曲線 (Operating Characteristic Curve) と呼ぶ．例題に対する **OC 曲線**は，$H_0: \mu=1000$ で $\alpha=5\%$ のときの H_1 の種々の形に対する第2種の過誤の確率を与えている．なお，対立仮説 H_1 が真であるとき，間違いを犯すことなく帰無仮説 H_0 を棄却する確率は $1-\beta$ で与えられ，この確率を**検出力**と呼ぶ．検出力はサンプルの大きさを増せば増加するが，一般にサンプルが少なければ有意になりにくい．そこで，有意水準を一定にしておいて，そのもとで検出力を最大にするような検定法が考えられる．そのような検定法をネイマン・ピアソンの最強力検定と呼ぶ．

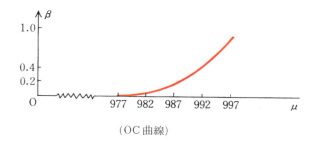

(OC 曲線)

練習問題　7

1. ある工場で製造された製品の硬度を9個のサンプルに対して測定して次のような

データを得た．

$$25, 23, 23, 34, 28, 24, 23, 27, 22$$

標準偏差が $\sigma=6$ であると仮定できるとき，仮説 $\mu=25$ を有意水準 5% で検定しなさい．

2. ある下着メーカーが製造するパンティストッキングの寿命は $N(\mu, 48^2)$ であって，メーカー側は $\mu=3200$（分）以上であると主張している．消費者センターが 36 足のランダムサンプルを検査した結果，平均 $\overline{X}=3185$（分）であった．メーカーの主張が正しいかどうかを有意水準 1% で検定しなさい．また，5% ならどうか．

3. 分散 σ^2 が既知である正規母集団の母平均 μ を検定する問題において，サンプルの平均と仮説平均との差が $k\sigma$ 以上のとき仮説を棄却する検定法を考える．有意水準が 5% 以下で検定できるためには，サンプルの大きさを幾ら位にすればよいか．

4. ランダムに選ばれた東南アジアの女性 337 名とアメリカの女性 305 名のウエストを測定した結果，平均と標準偏差がそれぞれ (77.4cm, 17.2cm)，(83.4cm, 16.2cm) であった．有意水準 1% で母平均が等しいかどうかを検定しなさい．

5. 過去 5 年間の統計によれば，K 大学に入学してくる者のセンター試験の成績は，平均が 750 点，標準偏差は 72 点である．有名進学高の N 高校の生徒で，今年のセンター試験を受験したものの中からランダムに 81 名を選び成績を調べると，平均が 762 点で，標準偏差が 72 点であった．

   (1) 有意水準 5% で N 高校の生徒の平均は K 大学の入学者の平均よりも高いといえるか．

   (2) N 高校全体の平均点が 780, 770, 760, 750, 740 のとき，$H_0: \mu=750$ を採択する確率を求めなさい．

   (3) OC 曲線を書きなさい．

8. Student の t 分布

平均値に対するサンプルの分布が正規分布と考えられる場合には，母平均に関する推測ができた．しかし，標準偏差 σ が未知で正規性の仮定を置くことができないくらい n が小さい場合，どのようにすればよいのであろうか．

8.1. t 分布

すでに何度も述べたように，正規母集団か，またはサンプルの大きさ n が十分大（$n \geq 30$ ぐらい）ならば，サンプルの平均の分布は正規分布であった．そして，$z = (\overline{X} - \mu)/\sigma_{\overline{X}}$ なる変換により z が標準正規分布になった．さらに，この変換を利用すれば区間推定や検定に際しては正規分布表が効率良く利用できた．

ところが，母集団の分布が正規分布でなければ，上述の事実が成立しない．例えば，確率変数 X が 0，3，9 の 3 つの値だけをそれぞれ確率 1/3 で取るとき，その分布は平均 4，標準偏差 $\sqrt{14}$ を持つけれども，正規分布ではない．

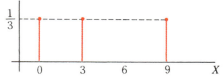

さらに，この分布は z の値として $-4/\sqrt{14}$，$-1/\sqrt{14}$，$5/\sqrt{14}$ を取るが，正規分布ではないため，正規分布表を利用できない．

この例が示すように，母平均の信頼区間を求めたり仮説検定を行なうとき，正規分布とは無関係な分布が現われることが多い．また，母集団が正規分布であってもサンプルの大きさ n が比較的小で，母集団の標準偏差 σ が未知の状況がしばしば発生する．この場合，$z = (\overline{X} - \mu)/(\sigma/\sqrt{n})$ は σ が未知のため標準正規分布にはならず，正規分布を用いた推測の手続きを適用できない．そこ

で，サンプルの標準偏差 s がつねに計算できることを利用して，σ の代わりに s を用いて

$$t = (\overline{X} - \mu)/(s/\sqrt{n})$$

と表わすことにする．正規母集団から大きさ n のサンプルを何組もとり，この t の値を繰り返し計算すると1つの分布が得られるが，その分布を t 分布とよぶ．t 分布は特別な場合には正規分布になるが，一般には正規分布とは異なる分布である．この分布はアイルランドのビール会社に勤務する William Gosset が最初に導入したが，その結果の公表を会社が認めなかったため，Student なるペンネームで発表した．それ以来，Student の t 分布と呼ばれている．

（例8.1） 大きさ100の2組のサンプルを $\mu = 100$，$\sigma = 10$ なる母集団から取り出したところ，サンプルの平均は等しく $\overline{X_1} = \overline{X_2} = 110$ で，標準偏差の方は相異なり，$s_1 = 9$，$s_2 = 8$ であった．各サンプルに対して z と t の値を求めてみよう．

（解答） $z = (\overline{X} - \mu)/(\sigma/\sqrt{n})$，$t = (\overline{X} - \mu)/(s/\sqrt{n})$
を用いて $z_1 = z_2 = (110 - 100)/(10/\sqrt{100}) = 10$
$t_1 = (110 - 100)/(9/\sqrt{100}) = 11.1$，$t_2 = (110 - 100)/(8/\sqrt{100}) = 12.5$
となる．従って，$z_1 = z_2$ であるが，$t_1 \neq t_2$ である．

この例は同じ分布から2組のサンプルを取り出したとき，サンプルの平均が同じであってもサンプルの標準偏差が異なっていれば，z の値は相等しいが t の値は異なることを示している．

Student の t 分布には次のような性質がある．
1) t 分布は標準正規分布のように一意的でなく，n の値によって種々の形をとる．従って，t 分布表は1ページに収まるように n の種々の値に対して（1%とか5%のように）しばしば使われる確率に対する t の値のみを収録している．
2) すべての t 分布は $t = 0$ に関して対称である．従って，t 分布の平均値は0であり，$t = 0$ で曲線は最大値をとる（図8.1を参照のこと）．

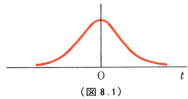

（図 8.1）

3) n が大きくなるにつれて，t 分布は標準正規分布に近づく．n が 30 以上なら，両者はほとんど同じである．この事実から，n が大で σ が未知のとき，σ を求めるのに $s/\sqrt{n}$ を用いることができる．

以上の性質により，次の3つの条件が満足されるならば t 分布を利用できる．

   （1）母集団が正規分布に従う　（2）σ が未知　（3）$n<30$

もし母集団が正規分布でなければエラーが生じるが，そのエラーの程度は母集団分布が正規分布とどの位違うかによって定まる．すなわち，母集団の分布がほとんど正規分布に近ければ，エラーは小さくなるが，正規分布とはるかに離れていれば，t 分布を用いるとエラーが極めて大きくなる．実際には母集団が正規分布に従っているか否かがわからないことの方が多い．その場合にはどのようにすればよいのであろうか．その解答の1つは，母集団に正規性の仮定を必要としないノンパラメトリックのような別の方法を採用することであるが，それについては12章で簡単に触れることにしよう．もう1つの方法はサンプルの大きさを増すことであろう．母集団が正規分布に従っているという自信がなければサンプルの大きさを増すべきである．

8.2. t 分布の自由度と分布表

0，10，20 のいずれかの数字の書かれた3枚のカードをA，B，C 3人が順番に1枚だけ選ぶ状況を考えてみよう．Aが最初に10と書かれたカードを選び，次にBが0を選んだとしよう．すると，最後に選ぶCは20と書かれたカードしか選ぶことはできない．同じように，Aが0をとり，Bが20をとれば，Cは自動的に10となる．これらの事実は，2人がカードを取れば，残りの者はカードを選択する余地がないということを表わしている．すなわち，2人は自由に選べるわけであり，自由度が2であるということにする．4個のデータの平均値が50なら，自由に選べるデータの個数はいくつであろうか．この場合も直ちにわかるように，3個のデータは自由に選べるが，4番目のデータは3つが定まれば自動的に決まってしまい，自由度は3である．同じ考え方によって，n 個のデータの平均値が $\overline{X}$ なら，$n-1$ 個のデータは自由に選べるが，n 番目のデータは自動的に定まってしまい，自由度は $n-1$ となる．

母平均の信頼区間を求めたり仮説検定を行なうために，大きさ n のサンプルに対する t 分布を用いる場合の自由度 ϕ は $n-1$ である．

次に，t 分布表について簡単に説明しておこう．標準正規分布の場合には，任意の正規曲線の下側部分の面積を求めるのには 1 つの表で十分な情報を提供した．ところが，t 分布は自由度によって異なった形となるため，正規分布と同じだけの情報を得るためには自由度ごとに別々の数表を準備しなければならない．それでは数表の枚数が多くなり過ぎるから，通常はよく使われる面積に対する t の値だけを載せた簡約形式で 1 つの表が作成されている．t 分布表は t 曲線の下側の部分の面積 α を与えた場合に，その面積を達成する t の値 t (ϕ, α) が書かれている．ただし，t 分布表は正規分布表と異なり，(図 8.2) のように曲線の両側の裾の面積の和が α になるような t の値を表わしている．また，表の第 1 列には自由度 ϕ が与えられている．なお，$n \to \infty$ のとき t 分布が正規分布に近づくことより，正規分布の両側確率を求めるのに t 分布表の一番下の行を利用できる．(付録の表 4 を参考のこと)

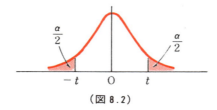

（図 8.2）

（例 8.2） $\phi = 10$ のとき，$\alpha = 0.05$ に対する t の値 t $(10, 0.05)$ は，$\phi = 10$ の行と $\alpha = 0.05$ の列との交点として 2.228 となる．

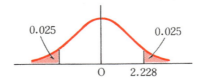

（例 8.3） $\phi = 5$ のとき，t の値が上側 2.016，下側が -2.016 となる確率を求めてみよう．$\phi = 5$ の行を横にみていき，2.016 になる α の値を求めると $\alpha = 0.10$ である．

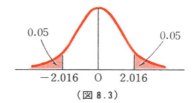

（図 8.3）

8.3. 母分散が未知な場合の母平均に関する推論

母分散が未知な場合に母平均の信頼区間を求めたり,仮説検定を行なったりするのに t 分布がうまく利用できる.t 分布を用いて信頼区間を求める場合には両側検定と形式上は同一になる点に注意すれば計算する場合に都合がよい.

t 分布を用いて母平均の信頼区間を求めるとき,μ の信頼限界は

$$\overline{X} \pm t(\phi, \alpha) s/\sqrt{n} \tag{8.1}$$

である.ただし,$t(\phi, \alpha)$ は信頼係数 $1-\alpha$ と自由度 $\phi = n-1$ によって定まる.

(例 8.4) 正規母集団から大きさ 9 のランダムサンプルをとり出したとき,平均が 14,分散が 4 であった.母平均 μ の 95% 信頼区間を求めなさい.

(解答) $\overline{X}=14$,$s=2$,$n=9$,$\phi=n-1=8$ であり,信頼度 95% に対する t の値は $t=\pm 2.306$ である.(t 分布表の $1-0.95=0.05$ の所を見よ).$t=(\overline{X}-\mu)/(s/\sqrt{n})$ より $\mu=\overline{X} \pm ts/\sqrt{n}=14\pm 2.306\times 2/\sqrt{9}=14\pm 1.54=12.46$ と 15.54 となる.すなわち,μ の 95% 信頼区間は $12.46 < \mu < 15.54$ である.

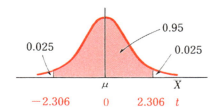

次に,母分散が未知であるとき,母平均に関する検定を行うのに t 分布を用いた仮説検定の例を与えておこう.

(例 8.5) ある薬品の 1 粒に含まれるブドウ糖の重量は 30% であると規定されている.16 粒をランダムに抽出し,ブドウ糖の含有量を測定したところ,平均が 30.4%,標準偏差が 0.8% であった.有意水準 1% でこの薬品は規定を満足しているといえるか.ただし,誤差は正規分布に従うものとみなして差し支えないとする.

(解答) $H_0:\mu=0.30$,$H_1:\mu\neq 0.30$(両側検定,$\alpha=0.01$)そして,$\overline{X}=0.304$,$s=0.008$,$n=16$,$\phi=15$ が与えられている.$\phi=15$,$\alpha=0.01$ に対する t の値は 2.947 であるから,$t_0>2.947$ または $t_0<-2.947$ ならば H_0 を棄却すればよい.この場合,

$$t_0 = (0.304-0.30)/(0.008/\sqrt{16}) = 2.00 < 2.947$$

であるから，H_0 を棄却しない．すなわち，消極的ではあるが有意水準 1% で規定が満足されているといえる．

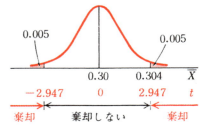

t 分布は母分散が未知の場合の母平均に関する検定だけでなく，同じ分散をもつ 2 つの正規母集団から独立に取られたサンプルに基づき，母平均の差に関して推測を行ないたい場合にも利用できる（分散が異なる場合には Welch の検定と呼ばれる方法を利用すればよい．p.160 参照）．すなわち，$\overline{X-Y}$ のサンプルの分布が正規分布になることが重要なポイントになり，t 分布を用いて 2 つの母集団に対する母平均の差の信頼区間を求めたり，検定を行なうことができる．その場合，標準偏差は

$$\sigma_{(\overline{X}-\overline{Y})} = \sqrt{\frac{(n_X-1)s_X^2+(n_Y-1)s_Y^2}{n_X+n_Y-2}\left(\frac{1}{n_X}+\frac{1}{n_Y}\right)} \tag{8.2}$$

によって計算される（注1を参考のこと）．

（注1） 同じデータが幾つかある場合の平均を求めるのに一種のウエイトを使って次のように計算すると便利であった．例えば，データ X とその頻度 f が

X	f	Xf
2	7	2·7
6	3	6·3

のとき

$$\overline{X} = (2\cdot 7 + 6\cdot 3)/(7+3)$$

と計算したように，分散の計算に際しても

分散	自由度	積
V_x	n_x-1	$(n_x-1)V_x$
V_y	n_y-1	$(n_y-1)V_y$

より，

$$\sigma = \sqrt{\frac{(n_X-1)V_X+(n_Y-1)V_Y}{(n_X-1)+(n_Y-1)}}$$

で計算する．とくに，両方の母分散が等しければ，$\sigma_X = \sigma_Y = \sigma$ とおいて

$$\sigma_{(\overline{X}-\overline{Y})} = \sqrt{\frac{\sigma_X^2}{n_X}+\frac{\sigma_Y^2}{n_Y}} = \sigma\sqrt{\frac{1}{n_X}+\frac{1}{n_Y}} = (8.2) \text{式}$$

となる．

(2)　$\phi = (n_X-1)+(n_Y-1) = n_X+n_Y-2$

(3)　$\mu_X-\mu_Y$ に対する信頼限界は $(\overline{X}-\overline{Y}) \pm t\sigma_{(\overline{x}-\overline{y})}$ である．

（例8.6） 知恵遅れと呼ばれているグループに属する子供のうち，文字を読めない者ばかり17名をランダムに選び，そのIQ（知能指数）を調べると，平均が98，標準偏差が10であった．一方，同じグループで文字をうまく読める者10名をランダムに選びIQを調べると，平均が101，標準偏差が9であった．有意水準5%で文字を読める者と読めない者との間にIQの差があるといえるか．ただし，両方ともIQは正規分布に従い，同じ分散をもつと考えてよいものとする．

（解答）　$H_0 : \mu_X-\mu_Y = 0$,　$H_1 : \mu_X-\mu_Y \neq 0$（両側検定，$\alpha = 5\%$）
$\overline{X} = 98$,　$s_X = 10$,　$n_X = 17$：$\overline{Y} = 101$,　$s_Y = 9$,　$n_Y = 10$

$$\sigma_{(\overline{X}-\overline{Y})} = \sqrt{\frac{16 \cdot 10^2 + 9 \cdot 9^2}{17+10-2}\left(\frac{1}{17}+\frac{1}{10}\right)} = 3.85$$

$t_0 = \{(\overline{X}-\overline{Y}) - (\mu_X-\mu_Y)\}/\sigma_{(\overline{x}-\overline{y})} = \{(98-101)-0\}/3.85 = -0.78$
$\phi = 25$, $\alpha = 0.05$ で両側検定より，$t = \pm 2.06$ である．従って，t_0 は「棄却しない領域」に落ちる．すなわち，有意水準5%で文字を読める者と読めない者との間のIQに差がないといえる．

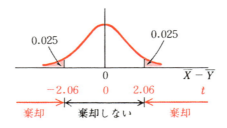

t 分布の応用の最後として,データが独立でない,すなわち,対応関係のある場合を考えておこう.薬の効果を測定するのに,投薬や治療のような行為の前後のサンプルの状態を比較したいことがしばしば生じる.また,年齢や居住地,収入などの因子がある種の調査結果に影響を与えないことを示すために,同年齢,居住地,収入などの人をペアに取ることもある.どちらの場合も独立なサンプルでないから前述のような平均値の差の検定を適用することはできない.その代わりに2つのサンプルでそれぞれのデータをペアにして,各ペアのデータの差の平均に対して t 検定を適用する(もちろん,2つの母集団でのあらゆるペアの差は正規分布でなければならない).その具体的な方法は次の通りである.

$d=$ 各ペアにおける差, $\overline{d}=$ 差の平均
$s_d=$ 差の標準偏差, $\mu_d=$ 母集団の平均値の差
$\phi=$ データが n 個のペアからなるなら $n-1$

とするとき,

検定には $t_0=(\overline{d}-\mu_d)/(s_d/\sqrt{n})$
μ_d の信頼限界は $\overline{d}\pm ts_d/\sqrt{n}$

を用いればよい.

(例 8.7) ある高等学校で10人の生徒をランダムに選び英語の中間試験 X と期末試験 Y の成績を調べたところ,次表のような結果であった.有意水準5%で期末試験の方が中間試験よりも平均点が高いといえるか.

生徒名	中間試験 X	期末試験 Y	$Y-X=d$	$d-\overline{d}$
1	80	84	+4	1
2	50	56	+6	3
3	78	81	+3	0
4	92	90	-2	-5
5	76	75	-1	-4
6	70	75	+5	2
7	62	72	+10	7
8	87	90	+3	0
9	95	93	-2	-5
10	68	72	+4	1

差の平均 $\overline{d}=30/10=3.0$, $H_0:\mu_d=0$, $H_1:\mu_d>0$
差の標準偏差 $s_d=\sqrt{130/9}=3.8$

t 検定を 10 個の差について適用するが，対立仮説 H_1 の意味から片側検定を採用すべきである．$n=10$ より自由度 ϕ は 9 になる（データの数 20 と異なって，差として得られたペアの数 10 を用いることに注意してほしい）．$\alpha=0.05$, $\phi=9$ に対する片側検定の t の境界値は $\alpha=0.10$ の値であって 1.83 である．そして，

$$t_0=(\overline{d}-\mu_d)/(s_d/\sqrt{n})=(3-0)/(3.8/\sqrt{10})=2.5>1.83$$

より，H_0 は棄却される．すなわち，2 回の試験の結果には有意な差があるといえる．

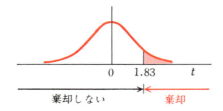

（**例 8.8**）　ある薬品の成分を受け入れ側と出荷側で同一の分析法を用いて分析した．いま，製品の中からランダムサンプルを取り出し，2 つに分割して双方で分析した 10 回の分析結果が次の通りである．ただし，双方の分析法が同一であるので，測定の分散はほぼ等しいと考えられる．双方の分析値に偏りがあるといえるか．もしあればその差はどの位か．有意水準 5% で考えなさい．

分析 No.	出荷側 X	受け入れ側 Y	d
1	14.57	14.45	0.12
2	14.32	14.24	0.08
3	14.06	14.12	−0.06
4	14.38	14.23	0.15
5	14.24	13.94	0.30
6	14.26	14.21	0.05
7	14.30	14.41	−0.11
8	14.24	14.10	0.14
9	14.48	14.16	0.32
10	14.36	14.25	0.11

（**解答**）　H_0：$\mu_d=0$, H_1：$\mu_d\neq 0$　（両側検定，$\alpha=0.05$）
$\overline{d}=(\Sigma d)/10=0.110$,　$s_d^2=0.0183$ より

$$t_0=(\overline{d}-\mu_d)/(s_d/\sqrt{n})=0.110/0.0428=2.57$$

ところが，$t(9, 0.05)=2.262$ より $|t_0|>t(9, 0.05)$ であるから H_0 は棄却される．すなわち，双方の分析値には偏りがあるといえる．そこで，平均の差の信頼区間を求めてみよう．信頼区間は

$$\overline{d} \pm t(9, 0.05) s_d/\sqrt{n} = 0.110 \pm 2.262 \times 0.0428 = 0.110 \pm 0.097$$

すなわち，

$$0.013 < \mu_d < 0.207$$

となる．

練習問題　8

1. (1) 正規母集団からランダムに取り出された大きさ17のサンプルの平均が2.58よりも小さい t 値をもつ確率をもとめなさい．
   (2) 自由度17の t 分布で上側確率が1%以上となる t の値を求めなさい．
   (3) 次の括弧内に適当な数値を与えなさい．

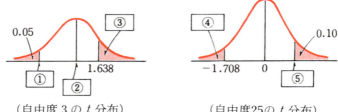

（自由度3の t 分布）　　（自由度25の t 分布）

2. 250名の生徒のいる学習塾で9名をランダムに選び，父兄の月収を調べた結果，平均255,000円，標準偏差60,000円であることが判明した．月収が正規分布に従っていると仮定して，全父兄の平均月収の95%信頼区間を求めなさい．

3. あるワイン1本(760ml)に含まれている不純物の量は，従来の製造法では平均20.5ppm の正規分布に従っていた．不純物を減らすために製造工程を変更して，変更後の工程で製造されたワインをランダムに16本取り出して不純物の量を検査すると，サンプルの平均 $\overline{X}$ が 20.0ppm，サンプルの標準偏差 s が 1.75ppm であった．工程の変更によって不純物の含有量が変化したといえるか（有意水準5%）．

4. O大学の男子新入生からランダムに12名を選び，体重を4月と10月に測定して次の表を得た．（単位は kg である）

学生番号	1	2	3	4	5	6	7	8	9	10	11	12
4月	50	58	53	50	60	57	58	80	63	61	67	61
10月	52	58	51	53	62	55	64	78	65	66	68	64

入学後6か月間で新入生の体重が増加したといえるか．有意水準5%で検定しなさい．

9. カイ二乗分布

前章までは主として母平均についての信頼区間や仮説検定の方法を学んだ．その場合，対象となったデータは計量値（metric）データであったから，カテゴリーデータに対してはそれらの方法をそのまま適用できなかった．この章では，カテゴリーの数が2個以上からなるデータに関する統計的推測の問題を考えることにする．そのための武器としてカイ二乗分布と呼ばれる新しい確率分布を導入しておこう．

9.1. χ^2（カイ二乗）分布の作り方

2項分布，ポアソン分布，正規分布および t 分布と呼ばれる種々の分布を考えてきたが，ここでは χ^2（カイ二乗）分布と呼ばれるもう1つのタイプの分布を考えることにしよう．χ^2 分布も t 分布と同じように自由度と呼ばれるパラメータに応じて様々な形を取るが，密度関数が左右対称でないという大きな特徴をもっている．χ^2 分布を考えるために簡単な例を与えておこう．

（例9.1） 1998年の資料によれば，25歳の女性のうち15%は大学卒，20%は短大卒，65%は高卒であった．現在も同じ割合で分布しているのであろうか．そのことを調べるために，現在25歳の女性1000人をランダムに抽出して分類すると，200人は大学卒，250人は短大卒，550人が高卒であった．有意水準5%で考えてみよう．

H_0 ：1998年と現在との間で割合は変化していない．（H_0は母集団の平均や比率についてでなく母集団分布についての仮定である点に注意のこと）．

H_1 ：現在の割合は1998年と異なっている

O を（現在の）実測度数，E を期待度数（理論値）を表わすものとし，1998年と現在とで割合に変化がないと仮定すれば，上の情報は次のように要約できる．

	O	E
大 学 卒	200	150
短 大 卒	250	200
高 卒	550	650
計	1000	1000

この表は1998年と現在とで割合に変化がないと仮定しており,しかも1998年には大学卒が15%であったことから,現在は1000人のうち150人が大学卒であると期待でき,20%,すなわち,200人が短大卒だと考えられるということを表わしている.

次にH_0を棄却するか否かを判断するための基準を定めておこう.$\sum(O-E)$は2つの分布の間の差を表わしていそうだが,残念ながらつねに$\sum(O-E) = \sum O - \sum E = n - n = 0$である.そこで,バラツキの尺度として$\sum(X-\overline{X})^2$を用いたのと同じ理由で,ここでも$\sum(O-E)^2$を利用することにしよう.この尺度は明らかに$\sum(O-E)^2 = 0$となるのは実測度数と期待度数とが完全に一致した場合であり,両者がズレるにつれてその値は大きくなる.ただ,この尺度ではOやEの値が大きいときには相対的に大きくなり,小さいときには小さくなる傾向が強いため,全体をEで割った$\sum[(O-E)^2/E]$を用いてその欠点を解消することにする.そこで,

$$x_0^2 = \sum\left\{\frac{(O-E)^2}{E}\right\} = \sum\left\{\frac{(実測度数-期待度数)^2}{期待度数}\right\} \tag{9.1}$$

とおくと,χ_0^2はサンプルに依存した統計量である.次節で示すように,大きさnのサンプルを繰り返し観測してχ_0^2の値を計算すれば,この値は近似的にχ^2分布と呼ばれる分布に従うことがわかる.上述の例に対してχ_0^2の値を計算すれば次のように44.6となる.

	O	E	$(O-E)^2$	$(O-E)^2/E$
大学卒	200	150	2500	16.7
短大卒	250	200	2500	12.5
高卒	550	650	10000	15.4
計	1000	1000		44.6

χ^2分布表(付録の表5を参照のこと)を見れば,t分布と同じように左端に自由度ϕを表わす列があるが,ϕの値を定めるためにはEの列に注目すればよい.すなわち,この列には3つの成分があるが,和が1000という制約があるから,任意の2成分に値を与えると残りの成分が定まってしまう.すなわち,

自由度 $\phi=3-1=2$ である。

$\alpha=0.05$, $\phi=2$ に対応する χ^2 の値は $\chi^2=5.99$ である．このことから，$\chi_0^2 \leq 5.99$ ならば H_0 を棄却するだけの十分な根拠がなく，$\chi_0^2>5.99$ ならば H_0 を棄却すればよい．この例では $\chi_0^2=44.6>5.99$ であるから H_0 を棄却し，H_1 を採択することになる．すなわち，1998年と現在とを比較すれば，25歳の女性の学歴には差があるといえる．ここで，H_1 の形から両側検定のように見えるが，内容的には，2つの分布が近い程望ましいため片側検定になる．

この例をもとにして，χ^2 分布と χ^2 分布に基づく検定（χ^2 検定）の一般論を与えることにしよう．

正規母集団 $N(\mu, \sigma^2)$ から大きさ ϕ のサンプル $X_1, X_2, \cdots, X_n$ を取る．このとき

$$\chi^2=(X_1-\mu)^2/\sigma^2+(X_2-\mu)^2/\sigma^2+\cdots+(X_n-\mu)^2/\sigma^2=z_1^2+z_2^2+\cdots+z_n^2 \tag{9.2}$$

なる和を自由度 ϕ の χ^2 分布に従う確率変数であると呼ぶ．

形式的に表わせば

自由度 ϕ の χ^2 分布＝互いに独立な ϕ 個の標準正規分布の二乗和 (9.3)

なる関係が成立している．また，

正規母集団 $N(\mu, \sigma^2)$ から取られた大きさ n のサンプルの平方和 S を母分散で割った

$$S/\sigma^2=\sum_{i=1}^{n}\{(X_i-\overline{X})/\sigma\}^2 \tag{9.4}$$

は自由度 $n-1$ のカイ二乗分布に従う．

ここで，自由度が $n-1$ になっているのは $\overline{X}$ が用いられているから自由度が1だけ減っているのである．

χ^2 分布においては，一般に，自由度 ϕ が異なれば，異なった分布の形になるが，次のような共通の性質が成り立っている．

(1) χ^2 分布は 0 から ∞ の範囲である．そして，分布の裾は右側だけである．
(2) ϕ が大きくなると χ^2 分布の密度関係（χ^2 曲線と呼ぶ）はベル型に近くなり，見掛け上は正規曲線のようになる．

さて，上で定義した統計量 $\chi_0^2=\Sigma[(O-E)^2/E]$ と χ^2 分布との関係を考えてみよう．明らかに χ_0^2 の方は統計量（それを計算するのにはサンプルが用い

られる）であって，その分布が近似的に χ^2 分布である．この近似に関しては，

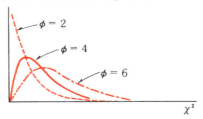

χ^2 分布が正規分布を基礎にしているため，E の列中にある成分のうち，少なくとも 3/4 が 5 以上で，すべての成分が 1 以上である必要がある．この条件が満足されない場合には，サンプルの大きさを増加させるか，2 つ以上のカテゴリーをプールする必要がある．

（例 9.2） $\phi=5$ の χ^2 分布からランダムに選ばれたデータが 12.8 よりも大きい確率を求めなさい．また，$\Pr(\chi^2>25.0)=0.05$ となる ϕ を求めなさい．

（解答） χ^2 分布表において，ϕ の列で 5 の行を右に向かって読んでいく．その値が 12.8 よりも大きくなるところは 0.025 の列である．従って，$\Pr(\chi^2>12.8)=0.025$ である．次に，0.05 の列を下に向かって読み進み，25.0 となる所を捜せば $\phi=15$ である．

9.2. χ^2 分布の応用

(1) 適合度検定

前節で与えた女性の学歴の例は「適合度の検定」の 1 例である．その例で χ^2 分布を用いる場合，サンプルの取られる母集団が，「ある既知の分布と異ならない」という仮説を検定するためにサンプルの実測度数を数えた．

帰無仮説 H_0 として「サンプルが取られる母集団 A は母集団 B と同じ分布をもつ」のような形が採用される．ただし，B の分布はわかっているものとする．また，対立仮説 H_1 は「A と B とは同じ分布を持たない」という形である．この仮説を検定するために，大きさ n のサンプルを取り，各サンプルが種々のカテゴリーに属する度数を数える（この結果が O の列に書かれる）．次に，母集団 A は母集団 B と同じ分布をもつと仮定して，それらのサンプルが理論的に各カテゴリーに属さなければならない期待度数を計算する（結果は E の列に書かれる）．これらの結果より $\sum[(O-E)^2/E]$ の値が計算できる．χ^2 検定では自由度 ϕ は E の列にある成分の数から E の列を定めるのに用いたサンプル

の統計量の個数を減じたものに等しい．通常はサンプルの統計量としては，サンプルの総数だけが用いられるため，$\phi = (E\text{の成分の数}) - 1$ である．

以上より，適合度検定に必要な値は

$$\chi_0^2 = \Sigma[(O-E)^2/E]$$
$$\phi = (E\text{の成分の数}) - 1$$

であり，H_0を採択するか，棄却するかのχ_0^2の境界値は与えられた有意水準αと自由度ϕに対するχ^2分布表から求めることができる．この境界値と統計量$\chi_0^2 = \Sigma[(O-E)^2/E]$の値とを比較して決定を下すことができる．

（例9.3） 今年の正月にT君の家に配達された「お年玉付き年賀葉書」100枚のくじ番号の末尾の数値は次の表のようであった．

数 値	0	1	2	3	4	5	6	7	8	9	計
枚 数	7	13	9	8	11	11	8	10	15	8	100

100枚の葉書の末尾の数値がランダムであるといえるか（有意水準$\alpha = 10\%$）．

（解答） H_0：数値がランダムである，H_1：数値がランダムでないとする．もし仮説H_0が成立するとすれば数値はランダムであるから，各数値が出現する確率は$1/10$である．従って，次のような表が得られる．

数 値	0	1	2	3	4	5	6	7	8	9	計
枚 数	7	13	9	8	11	11	8	10	15	8	100
E	10	10	10	10	10	10	10	10	10	10	100
$(O-E)^2$	9	9	1	4	1	1	4	0	25	4	
$(O-E)^2/E$	0.9	0.9	0.1	0.4	0.1	0.1	0.4	0	2.5	0.4	5.8

この表より$\chi_0^2 = 5.8$である．自由度$\phi = 10-1 = 9$より，$\alpha = 0.10$に対するχ^2の境界値は$14.7 > \chi_0^2$であるから，H_0を棄却することはできない．

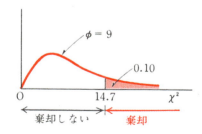

（例9.4） あるタクシー会社では200人の運転手を雇っている．各運転手が

昨年一年間に起こした交通違反の回数は次の表の通りであった．

違反回数 X	0	1	2	3	4	5以上
運転手の数 O	109	65	22	3	1	0

ポアソン分布をあてはめることができるか（有意水準10%）．ただし，$\exp(-0.61)=0.5435$ である．

（解答） H_0：違反回数の分布はポアソン分布である
H_1：違反回数の分布はポアソン分布でない

とし，まず，違反回数の期待度数 E を求めるためにデータから平均を推定すると，

$\hat{\lambda}=\Sigma O \cdot X/200=\{0\cdot109+1\cdot65+2\cdot22+3\cdot3+4\cdot1\}/200=122/200=0.61$ となる．

H_0 のもとでは X 回違反が起こる確率 P_x はポアソン分布の公式

$$P_x = e^{-\lambda}\lambda^x/x!$$

によって求めることができる．λ のかわりに $\hat{\lambda}$ を用いて $x=0, 1, 2, 3, 4$ に対応する期待度数を計算すると

X	0	1	2	3	4	5以上
E	108.7	66.3	20.2	4.1	0.7	0

となる．E の行で $X=3, 4, 5$ 以上のクラスの成分は5以下であるから，5程度になるようにクラスをプールして1つにすると

実測度数は　$3+1+0=4$
期待度数は　$4.1+0.7+0.0=4.8$

となる．従って，

$$\chi_0^2 = \frac{(108.7-109)^2}{108.7}+\frac{(66.3-65)^2}{66.3}+\frac{(20.2-22)^2}{20.2}+\frac{(4.8-4)^2}{4.8}$$
$$=0.0018+0.026+0.160+0.133=0.320$$

この場合，データを使って期待度数の計算に平均の推定値 $\hat{\lambda}$ を用いたので，自由度 ϕ は $k-1=4-1=3$ でなく $k-1-1=2$ としなければならない．$\chi^2(2, 0.10)=4.61>\chi_0^2$ であるから，有意水準10%で H_0 を棄却できない．すなわち，消極的ではあるがポアソン分布に従うといえる．

多くの仮説検定の問題では，H_0 を棄却できれば自信を持って得られた結果に有意差があるとみなせるから，H_0 を棄却することは望ましいことである．

ところが,上の例で示したように,適合度検定では望ましいのはH_0を採択する場合である.ただし,この場合には,H_0が偽であるときに誤ってH_0を採択する確率(第2種の過誤の確率β)がわからないから,消極的な発言しかできない欠点はある.しかし,そのときでもβをできるだけ小さくしたければ,αを0.2とか0.25のように大きくとっておけば,自動的にβは小さくなる.

(2) 分割表

前項ではχ_0^2という統計量を用いて「適合度」を調べる方法を考えた.すなわち,サンプルが取られた母集団の分布がある理論的な分布とみなしてもよいか否かを,サンプルに基づいて検定する問題を扱った.

χ_0^2は「適合度」だけでなく,2つの変数に関係があるか,あるいはそれらが独立かを調べるのにも利用できる.例えば,自民党に投票する比率は女性よりも男性の方が高いか,それとも性別と支持政党との間には関係がないのであろうか.また,所得階層と学歴との間にはなんらかの関係があるのであろうか.このような問題を考える場合にχ^2検定が利用できる.

(例9.5) 次の表はランダムに抽出された18歳から50歳までの500人のドライバーのうち昨年1年間に起こした交通違反の回数を表わしている.有意水準1%で,交通違反回数とドライバーの年齢との間に関係がないという仮説を検定しなさい.

		18—25	26—40	40以上	計
違反回数	0	75	115	110	300
	1	50	65	35	150
	2	25	20	5	50
	計	150	200	150	500

(解答と説明) 上の表を見れば,無違反の人数は18—25歳で75人,26—40歳で115人,40歳以上では110人のようになっているが,このような形で度数を示す表を**分割表**(contingency table)または連関表と呼ぶ.分割表は2つの属性(上の例では年齢と事故回数)の間の関係を明らかにするために用いられる.一般に,m行r列で構成される分割表を$m \times r$分割表と呼ぶ.例の分割表は3×3である.この種の分割表に対する帰無仮説H_0は「属性間には関係がない(独立である)」という形でとられ,対立仮説H_1は「属性間は独立でな

次に,期待度数の計算に移ろう.例えば,左上に注目してみよう.150人のドライバーは18—25歳であり,すべてのドライバーのうち300/500＝3/5が無違反であった.もしドライバーの年齢と違反回数に関係がなければ,3/5(150)＝90人の18—25歳のドライバーが無違反であると期待出来る.なお,列和150と行和300とを掛け算し,総合計500で割っても同じ結果がえられることに注意してほしい.他の成分についても同様の議論が成り立ち,例えば,500人中200人(すなわち,2/5)のドライバーは26—40歳であり,300人は無違反である.従って,年齢と違反の回数に関係がなければ,2/5(300)＝120人が26—40歳でかつ無違反であると期待できる.この結果は列和200と行和300の積を総合計500で割り算してもよく,(200×300)/500＝120のようになる.残りの成分も全く同様の考え方により,次のような期待度数が得られる.

H_0 が真であるとしたときの期待度数

		ドライバーの年齢			
		18—25	26—40	40以上	計
違反回数	0	90	120	90	300
	1	45	60	45	150
	2	15	20	15	50
計		150	200	150	500

さて,前項と同じように χ^2 検定を行うために,統計量
$$\chi_0^2 = \sum [(O-E)^2/E]$$
を計算することにしよう.上述の2つの表より次の結果が得られ,$\chi_0^2 = 23.7$ となる.

違反回数	年齢	O	E	$(O-E)^2$	$(O-E)^2/E$
0	18—25	75	90	225	2.5
0	26—40	115	120	25	0.2
0	41—50	110	90	400	4.4
1	18—25	50	45	25	0.6
1	26—40	65	60	25	0.4
1	41—50	35	45	100	2.2
2	18—25	25	15	100	6.7
2	26—40	20	20	0	0
2	41—50	5	15	100	6.7

$$x_0^2 = 23.7$$

最後に自由度について考えよう．行和と列和が与えられたとき，自由に値を与えることのできるマスの数がいくらになるかを見いだせばよい．いま，第1行の任意の2つのマスに値を与えると，行和が300であるという制約によって第3番目のマスの値は自動的に定まってしまう（○印は自由に選ばれたマスを表わし，×印は自動的に定まるマスを表わす）．

○	○	×	300
○	×	○	150
×	×	×	50
150	200	150	

同様に，第2行の任意の2つのマスに値を与えると，行和が150という制約によって第3番目のマスの値が定まる．最後に第3行に注目しよう．第3行の各マスの値を定めるために，列和がそれぞれ150，200，150でなければならないことと，各列で2つのマスが既に定まっていることとから，第3行の各マスに自由に値を与える余地がないことがわかる．以上のことはどの行から始めても成り立ち，その結果，9個の全マスのうちで自由に値を与えることのできるものは4個だけ，すなわち，自由度 $\phi = 4$ となる．

χ^2 分布表で $\phi=4$，$\alpha=0.01$ に対する境界値を求めると 13.3 であり，$\chi_0^2 = 23.7 > 13.3$ より，H_0 を棄却すればよい．すなわち，事故の回数とドライバーの年齢との間には関係があるといえる．

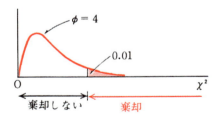

もう少し複雑な例として 3×4 の分割表に対する自由度を考えてみよう．

（1）	（2）	（3）	（4）	30
（5）	（6）	（7）	（8）	45
（9）	（10）	（11）	（12）	25
10	20	30	40	100

第1行目でマス(1), (2), (3)に値を与えれば，行和が30より，マス(4)は選択の余地はない．次に，マス(5), (6), (7)に値を与えると，(8)が定まる．ところが，列和が与えられているから第3行目のどのマスにも自由に値を与えることはできない．すなわち，各行，各列の和が定まっていることから，各行，各列の最後のマス ((4), (8), (9), (10), (11), (12)) の値は自動的に定まってしまう．従って，この例では自由度 ϕ は $(3-1)(4-1)$ である．この考え方を進めていくと，一般に m 行 r 列の分割表ではその自由度 ϕ は

$$\phi = (m-1)(r-1)$$

となることは明らかである．

(3) 母分散に関する推論

(9.3), (9.4)式で定義したように，大きさ n のサンプルの平方和 S を σ^2 で割ると自由度 $n-1$ の χ^2 分布であった．この事実を利用して母分散に関する検定や区間推定を行なってみよう．

まず，正規母集団 $N(\mu, \sigma^2)$ から取り出された大きさ n のサンプル $\{x_1, x_2, \cdots, x_n\}$ を用いて母分散 σ^2 がある定められた値 σ_0^2 に等しいかどうかを検定する問題を考えてみよう．上で述べたように $\chi^2 = S/\sigma^2$ は自由度 $n-1$ のカイ二乗分布に従った．そこで，サンプルに基づいて計算された χ^2 の値を χ_0^2 とするとき

$\chi_0^2 > \chi^2(n-1, \alpha/2)$ または $\chi_0^2 < \chi^2(n-1, 1-\alpha/2)$ ならば，仮説 H_0 : $\sigma^2 = \sigma_0^2$ をおかしいと考えて棄却すればよい．

また，この検定の関係式を利用すれば，仮説が棄却されないような σ^2 は

$$\chi^2(n-1, 1-\alpha/2) < S/\sigma^2 < \chi^2(n-1, \alpha/2)$$

を満足する．従って，母分散 σ^2 の信頼度 $1-\alpha$ の信頼区間は

$$S/\chi^2(n-1, \alpha/2) < \sigma^2 < S/\chi^2(n-1, 1-\alpha/2)$$

で与えられる．

（例9.6） 正規母集団 $N(\mu, \sigma^2)$ からランダムサンプルを取り，次のようなデータを得た．このとき，仮説 $\sigma^2 = 2.25$ を有意水準5%で検定しなさい．また，母分散 σ^2 の95%信頼区間を求めなさい．

84, 91, 87, 85, 90, 87, 89, 85, 88, 84

（解答） 仮説 H_0 は $\sigma^2 = 2.25$ である．$S = 56$ より，

$$\chi_0^2 = S/\sigma^2 = 56/2.25 = 24.9$$

従って，　　　$\chi_0^2 > \chi^2\ (9,\ 0.025) = 19.02$
であるから仮説H_0を棄却することができ，$\sigma^2 \neq 2.25$ であるといえる．

区間推定に移ろう．$\chi^2(9,\ 0.025) = 19.02$, $\chi^2(9,\ 0.975) = 2.70$ であるから，95％信頼区間は

$56/19.02 \leq \sigma^2 \leq 56/2.70$　　　すなわち，$2.94 \leq \sigma^2 \leq 20.7$ となる．

(4) ポアソン分布の母数に関する推測

6.4節で述べたように，ポアソン分布の母数に関する推測の問題で正規近似を用いずに精密に行うためにはポアソン分布の部分和が必要であった．その計算は極めて労力を注ぎ込まなければならないが，次のような χ^2 分布との関係を利用すれば簡単になる．

1) $\Pr\{x \leq c\}$ は自由度 $\phi = 2(c+1)$ の χ^2 分布が 2λ 以上の値を取る確率に等しい．

2) $\Pr\{x \geq c\}$ は自由度 $\phi' = 2c$ の χ^2 分布が 2λ 以下の値を取る確率に等しい．

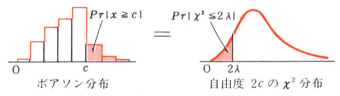

これらの関係を利用すれば，母数 λ の検定には

両側検定：　$x \leq \lambda_0$ なら $\chi^2(2x+2,\ \alpha/2) \leq 2\lambda_0$
　　　　　　$x > \lambda_0$ なら $\chi^2(2x,\ 1-\alpha/2) \geq 2\lambda_0$

片側検定：　$\chi^2(2x+2,\ \alpha) \leq 2\lambda_0$　　　　(H_1：$\lambda < \lambda_0$)
　　　　　　$\chi^2(2x,\ 1-\alpha) \geq 2\lambda$．　　　($H_1$：$\lambda > \lambda_0$)

ならば有意水準 α で仮説を棄却する．

また，母数 λ の信頼度 $1-\alpha$ の信頼区間の上限と下限はそれぞれ

$$\lambda_U = \chi^2(2x+2,\ \alpha/2)/2$$

$$\lambda_L = \chi^2(2x, 1-\alpha/2)/2$$

で与えられる.

練習問題 9

1. 平均 μ が未知な正規母集団 $N(\mu, \sigma^2)$ から 5 個のランダムサンプル (0.52, 0.75, 0.51, 0.85, 0.32) を取り出した. 仮説 $H_0: \sigma^2 = 1$ を有意水準 5% で検定しなさい.

2. (1) 2 枚のコインを同時に投げたとき, (表, 裏) が出る確率を求めなさい.
   (2) 2 枚の正しいコインを 500 回同時に投げたとき, (表, 裏) が出る回数はどの程度見込めるか.
   (3) 2 枚のコインを 500 回同時に投げたとき, 2 枚とも表が 140 回, 1 枚表が 255 回, 裏ばかりが 105 回生じた. このコインは正しいといえるかどうかを有意水準 5% で検定しなさい.

3. ある日に造幣局で製造された 100 円硬貨を 30 個ランダムに抽出し, その直径 X_k ($k = 1, 2, \cdots, 30$) を測定して次のような結果を得た.
$$\overline{X} = 225\text{mm}, \quad V = 0.084$$
   (1) 直径のバラツキは基準値 $\sigma_0 = 0.2$mm 以下と定められているが, この日製造された 100 円硬貨はこの基準値以下といえるか. (有意水準 5%).
   (2) 母分散 σ^2 の 95% 信頼区間を求めなさい.

4. 最近開発されたインフルエンザの予防注射の効果を調べるために, 次のような調査データを集めた. この結果からインフルエンザの予防注射は効果があるといえるか. (有意水準 5%)

	かからなかった人の数	かかった人の数	合　計
注射をした数	675	25	700
注射をしていない数	485	15	500
合　計	1160	40	1200

10. 分散の解析

2つの母集団の間の平均値の差に関する仮説検定については,前章までの手法を適用すればほとんど解決できた.ところが,現実には3つ以上の母集団間の平均値を比較したい問題がしばしば生じる.例えば,経済学者は3か国以上の間で平均賃金を比較することが多いし,また,心理学者はある刺激に対して3つ以上の対照群間での効果を比べようとするのが普通である.このような3つ以上の母平均の推測に関する問題を解決するためには分散分析と呼ばれる方法が有効である.分散分析を理解するためには F 分布と呼ばれる新しい分布を導入しておく必要がある.

10.1. F 分布

同じ分散をもつ2つの正規母集団 X, Y があり,平均値は異なるものとしよう.まず,第1の母集団 X から大きさ10のサンプル,第2の母集団 Y から大きさ15のサンプルを取り出し,それぞれのサンプルの分散を計算すると,$V_1=6.0$, $V_2=2.0$ であった.これらの値を用いて分散比 $F=V_1/V_2$ を計算すれば,$6.0/2.0=3.0$ となる.次にこれらのサンプルをそれぞれ元の母集団に戻し,もう一度大きさ10と15のサンプルを取り出し,F の値を計算してみると,今度は $V_1=5.0$, $V_2=10.0$ で $F=5/10=0.5$ となった.全く同様の手続きを可能な限り繰り返し,母集団 X からは大きさ10,母集団 Y からは大きさ15のサンプルを独立に取り出して F の値を計算していくと,その結果として F の分布が得られる.この分布を **F 分布** と呼ぶ.V_1, $V_2 \geq 0$ であるから,χ^2 分布と同じように F の値は決して負にはならない.また,サンプルの大きさを変えると,上とは異なった F の分布が得られるため,一般に F 分布は2つの正規母集団から取られるサンプルの大きさ,すなわち,2つの自由度に依存する.

以下では自由度 ϕ_1, ϕ_2 の F 分布と呼ばれるものに共通な性質をまとめてお

こう.
1) F の値は互いに独立に推定された 2 つの分散の比
$$F = V_1/V_2$$
である.ただし,V_1 は第 1 の正規母集団 X から大きさ n_1 のサンプルを取り出して計算したサンプルの分散,V_2 はもう一方の正規母集団 Y から取り出された大きさ n_2 のサンプルに基づく分散を表わす.
2) F 分布の確率密度関数は 0 から ∞ の範囲に広がる.
3) F 分布表は 2 つの自由度 $\phi_1 = n_1 - 1$,$\phi_2 = n_2 - 1$ と上側確率 α を与えて作成されているため,表が 1 枚に収まらず,数枚で構成されている.一般的な F 分布の形は

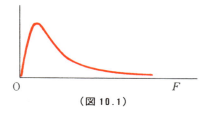

(図 10.1)

のようであるが,自由度が大きくなるにつれて対称形になる.

さて,前節のカイ二乗分布の定義を用いると
V の分布 $= S/(n-1)$ の分布 $=$ (自由度 $n-1$ の χ^2 分布/自由度 $n-1$)
$=$ (自由度 ϕ の χ^2 分布/自由度 ϕ)
なる関係があったから,自由度 ϕ_1,ϕ_2 の F 分布は性質 1) と 3) より

自由度 ϕ_1,ϕ_2 の F 分布 $= \dfrac{(\text{自由度 } \phi_1 \text{ の } \chi^2 \text{分布/自由度 } \phi_1)}{(\text{自由度 } \phi_2 \text{ の } \chi^2 \text{分布/自由度 } \phi_2)}$

によって作られる分布であると考えられる.
次に F 分布表の利用法を簡単に説明しておこう.上述の性質 3) のように,F 分布は 2 つの自由度の組み合わせで定まるため,極めて多数の分布形から構成されている.その結果,F 分布表には頻繁に使用されるもののみが掲げられている.付録には分布の右裾の面積が 0.05,0.025,0.005 および 0.01 となるときの F の値が与えられている.従って,仮説検定の際に両側検定を適用したければ,$\alpha = 0.10$,0.05,0.010,0.02 に対してのみ表を利用できる点に注意してほしい.

(例 10.1) $n_1 = 17$,$n_2 = 6$ のとき,F の上側 5% 点を求めなさい.

(解答) $\phi_1=16$, $\phi_2=5$ として $\alpha=0.05$ に対する F 分布表（付録の表 6）を用いる．表の第 1 行で 16 の列に注目し，この列と第 1 列で 5 の行との交点の値 4.60 を読み取ればよい．すなわち，$\Pr(F>4.60)=0.05$ である．このことを

$$F_5^{16}(0.05)=4.60$$

のような記号で表わすことにする．

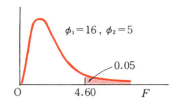

一般に，自由度 ϕ_1，ϕ_2 の F 分布の α%点を $F_{\phi_2}^{\phi_1}(\alpha/100)$ なる記号で表わす．

（例 10.2） $n_1=5$, $n_2=10$ のとき，F 分布の下側 97.5%点を求めなさい．

（解答）

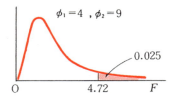

$\alpha=1-0.975=0.025$ であるから，自由度 $\phi_1=4$，$\phi_2=9$ に対する F 分布表で 0.025 の所を読み取れば $F_9^4(0.025)=4.72$ である．

F 分布を用いて両側検定をしたり，左裾の確率を用いて片側検定を行ないたいこともしばしば生じる．F 分布表は右裾の面積に対する F の値を与えているだけであるから，特別な工夫が必要である．そのような場合に公式

$$F_{\phi_2}^{\phi_1}(1-\alpha)=1/F_{\phi_1}^{\phi_2}(\alpha) \tag{10.2}$$

が有効である．ただし，F 分布表の値はすべて 1 よりも大きいから，逆数をとることにより 1 よりも小になる点に注意してほしい．

10.2. 分散に関する検定

前章までは母平均に関する検定を主として考えたが，母集団の統計的な性質

を記述するもう1つの重要なパラメータである母分散の検定についてはどのようにすればよいのであろうか．とくに，2つの母集団が同じ分散をもつかどうかの検定は平均値の差の検定を行なう際の予備検定として重要である．まず，簡単な例を幾つか与えて説明しよう．

（例10.3） 菓子を袋に詰める機械が2台ある．第1の機械で詰められた菓子袋をランダムに17袋取り出してその重量を調べると，平均が310g，分散が16.0であった．また，第2の機械で詰められた20袋については，平均重量が315g，分散が12.0であった．有意水準5%で第1の機械の方が第2の機械よりもバラツキが大きいといえるだろうか．ただし，重量は両方の機械とも正規分布に従うと仮定する．

（解答と説明） $H_0 : \sigma^2 = \sigma_0^2$, $H_1 : \sigma^2 > \sigma_0^2$ （片側検定，$\alpha = 0.05$），$n_1 = 17$，$\phi_1 = 16$，$V_1 = 16.0$：$n_2 = 20$，$\phi_2 = 19$，$V_2 = 12.0$　なお，平均重量が与えられているが，この問題に対しては不要である．

$$F_0 = 16.0/12.0 = 1.33$$

Fの境界値は$F_{19}^{16}(0.05) = 2.21$で，$F_0 = 1.33 < 2.21$であるから，H_0を棄却できない．すなわち，サンプルに変動があるだけで，2台の機械にはバラツキの差があるとはいえない．

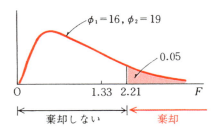

（例10.4） 大学の助教授の年収は，教授の年収よりもバラツキが少ないといえるだろうか．17人の助教授をランダムに選び，年収の標準偏差を求めると$\sqrt{10\text{万円}}$であった．一方，25人の教授をランダム・サンプルした結果は標準偏差が$\sqrt{5\text{万円}}$であった．有意水準5%で検定しなさい．

（解答） サンプルの分散が大きい方の母集団をXとすれば，F_0を求めてから逆数を取る手間が省ける．そこで，

$$H_0 : \sigma^2 = \sigma_0^2, \quad H_1 : \sigma^2 > \sigma_0^2 \qquad \text{（右片側検定）}$$
$$V_1 = (25\text{万}), \qquad V_2 = (10\text{万})$$
$$F_0 = V_1/V_2 = 2.50$$

$\phi_1=24$, $\phi_2=16$ より, $F^{24}_{16}(0.05)=2.24<F_0$ である. 従って, H_0 は棄却される.

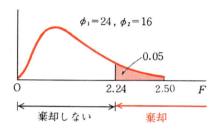

（例 10.5） あるワイン 1 リットル中に含有しているジ・エチレングリコールの量を調べるのに，A，B 2 つの方法で分析した．A 法で 15 回分析したところ，平均 17ppm，標準偏差 0.31ppm であり，B 法で 13 回分析した結果，平均 19ppm，標準偏差 0.33ppm であった．2 つの分析法でバラツキに違いがあるといえるか．有意水準 5% で検定しなさい．

（解答と説明） $H_0: \sigma^2=\sigma_0^2$, $H_1: \sigma^2\neq\sigma_0^2$　　　　（両側検定）
$V_1=0.31^2=0.0961$, $n_1=15$; $V_2=0.33^2=0.1089$, $n_2=13$
そして，$V_2>V_1$ であるから $F_0=V_2/V_1=1.13$ となる．ここで $\phi_2=12$, $\phi_1=14$ より $\alpha=0.05$ のとき $F^{12}_{14}(0.025)=3.05$ である．一方，H_0 を採択する下側の境界値を求める必要はない．なぜならその値は 1 以下に決まっており，$F_0=1.13$ であるからである．従って，H_0 は棄却されず，2 つの分析法のバラツキはサンプルの変動を除けば差がないといえる．

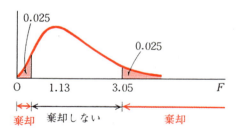

例 10.5 で示したように，仮説 $H_0: \sigma^2=\sigma_0^2$ に対して対立仮説 $H_1: \sigma^2\neq\sigma_0^2$ の形をした両側検定を用いて等分散の検定を行なう問題をもう少し一般的に見てみよう．有意水準を 5% とし，仮説 $\sigma^2=\sigma_0^2$ が成り立つとすれば，サンプルから計算される分散比 $F_0=V_1/V_2$ は自由度 $(n_1-1, n_2-1)=(\phi_1, \phi_2)$ の F 分布に従うことにより

$$F_0 \geqq F_{\phi_2}^{\phi_1}(0.025) \tag{10.3}$$

または

$$F_0 \leqq F_{\phi_2}^{\phi_1}(0.975) \tag{10.4}$$

ならば仮説の方を疑えばよい．ところが，F 分布の逆数関係式を用いると

$$F_{\phi_2}^{\phi_1}(0.975) = 1/F_{\phi_1}^{\phi_2}(0.025)$$

であるから，(10.4) 式は

$$1/F_0 \geqq F_{\phi_1}^{\phi_2}(0.025) \tag{10.5}$$

と書ける．すなわち，(10.3) 式と (10.5) 式はそれぞれ

$$V_1/V_2 \geqq F_{\phi_2}^{\phi_1}(0.025), \qquad V_2/V_1 \geqq F_{\phi_1}^{\phi_2}(0.025)$$

ところが，F 分布表を見れば明らかなように $F_{\phi_2}^{\phi_1}(0.025) > 1$ が常に成り立つから，上式のいずれか一方は成立しない．すなわち，V_1 と V_2 のうち大きい方を分母としたものは上の不等式を満足しない．従って，実際の検定には (10.3)，(10.4) 式のかわりに

$V_1 \geqq V_2$ ならば $\qquad V_1/V_2$ と $F_{\phi_2}^{\phi_1}(0.025)$

$V_1 < V_2$ ならば $\qquad V_2/V_1$ と $F_{\phi_1}^{\phi_2}(0.025)$

とを比較すればよい．

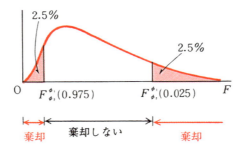

10.3. 分散分析

前節では F 分布を用いて「2 つの母集団が同じ分散をもつか」という命題を検定する方法について学んだ．その場合，同じ分散を持つと考えられるなら，サンプルから計算される F_0 の値は 1 に近く，その値が 1 から離れるにつれてサンプルの変動が原因でなく，分散に差があるものと考えられた．

本節では F 分布を利用して 3 つ以上の母集団が同じ平均をもつか否かの検定を行なってみよう．

なすびを栽培するのに3種類の化学肥料A_1, A_2, A_3のいずれか1種類を与え，3種類の肥料の間で収量を比較してみたい．なすびの種をランダムに3グループに分け，3つのグループにそれぞれ化学肥料A_1, A_2, A_3を施した．そして，**実験の場**（field）である畑をなるべく均一な部分に区切って**ブロック**（block）と呼ばれる小部分に分け，さらに，各ブロックを細分して**プロット**（plot）と呼ばれる部分に分割した．ここでは同じ広さの9つのプロットに分けることにした．さらに，日当たりや風向きのような肥料以外の効果を均一化するために9つのプロットにランダムに3グループの種を割りあてて蒔いた．このようにして3種類のサンプルのそれぞれから得られるプロット当たりのなすびの収量を測定したところ次のようになった．

化学肥料 A_1	化学肥料 A_2	化学肥料 A_3
5	3	3
6	7	4
7	5	5
$\overline{X_{1\cdot}}=6$	$\overline{X_{2\cdot}}=5$	$\overline{X_{3\cdot}}=4$

このとき，肥料がなすびの収量に影響を与えていると有意水準5%といえるだろうか．すなわち，

　　　帰無仮説H_0：$\mu_1=\mu_2=\mu_3$（$=\mu_0$）

　　　対立仮説H_1：いずれかの平均収量に違いがある

をどのように検定すればよいだろうか．このような問題に対してすぐに思いつく方法は，2つずつの平均値に対してt検定を適用する方法であろう．しかし，この程度の問題の規模でも合計3回もt検定を行なわなければならず，極めて非能率的である．そこで，1回の検定で結論を得る方法が望まれるが，その方法が**分散分析**（**ANOVA**）と呼ばれるもので，実験によって得られたデータを解析する方法である．

上のような実験ではデータに影響を与える種々の変動原因が考えられるが，実験でとくに注目する原因のことを**因子**と呼び，大文字のローマ字（A，B，Cなど）で表わす．また，因子の質や量などを変更する条件のことを**水準**と呼びA_1，A_2，…のようにサフィックスで表わす．この場合，肥料が因子であり，その種類が水準である．

ここで，もう一度例に戻ってみよう．もし3種類の肥料の効果が同じなら，すなわち，同じ平均と分散をもつ正規分布に従うなら，3つの水準はある1つの大きな母集団から取られた3個のサンプルであると考えることができる．こ

こで数値を見れば，各グループの平均（6，5，4）がかなり異なっており，単なるサンプル誤差によるのか，それとも3つの水準は同一集団からのサンプルであるという仮説を疑う方がよいのか迷うことになろう．そこで，データを水準別にプロットすれば次の図が得られる．

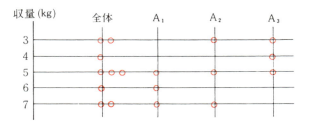

この図を見れば水準が変われば収量も変わっているが，各水準内ではバラツキがあることが観察できる．すなわち，データ全体のバラツキには

(1) **水準を変えたことによるバラツキ**
(2) **同じ水準内部でのバラツキ**

が絡み合っていると考えられる．従って，データにふくまれるバラツキの原因を知るためには，これら2種類のバラツキをうまく分離しなければならない．

一般に，実験で得た全データのもつバラツキを**総変動** S，水準（肥料の種類）を変化させたために生じるバラツキを**水準間変動**（または級間変動）S_A，同じ水準内のバラツキを**誤差変動**（または級内変動）S_e と呼ぶことにし，図のように

$$S = S_A + S_e$$

の形に分解されると仮定しよう．

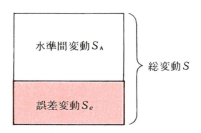

もし水準（肥料の種類）を変えたとき，S_A が大きくなれば，図の(a)のようになっているはずで，水準の変化によって S_A がほとんど影響を受けなければ，(b)のように相対的に S_e の割合が大になると考えられる．

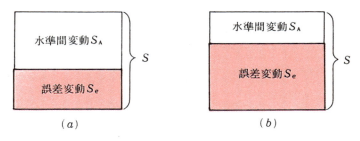

(a)　　　　　　　　　(b)

従って，帰無仮説H_0(3つの肥料の効果が同一である)のもとでこれら2種類の変動S_A, S_eを推定し，それらの割合を評価すればデータの受けた影響が明らかになると考えられる．すなわち，H_0が真でなければ，S_Aの推定量はS_eの推定量よりも有意に大きな値を示すことになる．逆に，H_0が真ならば，これら2つの推定量は近い値となり，両者の比は1に近くなるはずである．このことから，検定にはF分布の右裾を利用したF検定を適用できる．

具体的には各変動を偏差平方和で表わすことにすれば，1因子k水準の実験で，各水準のデータ数(実験の繰り返し数)がnのモデルでは次のように計算すればよい．

(総変動 S)　各データx_{ij}と総平均との偏差平方和として定義され

$$S = \sum_{i=1}^{k} \sum_{j=1}^{n} (x_{ij} - \overline{X})^2$$

(水準間変動 S_A)　各水準の平均$\overline{X_i}$.と総平均との偏差平方和として定義され

$$S_A = \sum_{i=1}^{k} \sum_{j=1}^{n} (\overline{X_i.} - \overline{X})^2$$

(誤差変動 S_e)　各データx_{ij}と各水準の平均$\overline{X_i}$.との偏差平方和として定義され

$$S_e = \sum_{i=1}^{k} \sum_{j=1}^{n} (x_{ij} - \overline{X_i.})^2$$

である．そして，既に指摘したようにこれらの変動の間には

$$S = S_A + S_e$$

なる関係が成立している．

ここで上の数値に対してこれら2種類の推定量と総変動Sを求めれば次のようになる．

まず，9個のデータの総平均$\overline{X}$は

$$\overline{X} = (5+6+7+3+7+5+3+4+5)/9 = 5$$

である．また，各水準内の平均$\overline{X_1.}$, $\overline{X_2.}$, $\overline{X_3.}$はそれぞれ6, 5, 4であるから，水準間変動S_Aは

$$S_A = 3\{(6-5)^2+(5-5)^2+(4-5)^2\} = 6$$

で与えられる．次に，誤差変動 S_e は

$$S_e = (5-6)^2+(6-6)^2+(7-6)^2+(3-5)^2+(7-5)^2+(5-5)^2+(3-4)^2+(4-4)^2+(5-4)^2 = 12$$

であるから，総変動 S は $6+12=18$ となる．

さて，9章で述べたように，偏差平方和をその自由度で割った不偏分散 $S_A/\phi_A = V_A$, $S_e/\phi_e = V_e$ はそれぞれ自由度 ϕ_A, ϕ_e の χ^2 分布に従っていた．さらに，10.1 節で定義したようにこれらの不偏分散の比

$$F_0 = V_A/V_e$$

は自由度 ϕ_A, ϕ_e の F 分布に従う統計量であった．従って，有意水準を α とすれば，この F_0 と F 分布の値 $F^{\phi_A}_{\phi_e}(\alpha)$ とを比較すれば検定が行なえる．

$$S\begin{cases} S_A & \phi_A \longrightarrow V_A = S_A/\phi_A \\ S_e & \phi_e \longrightarrow V_e = S_e/\phi_e \end{cases} \quad F_0 = V_A/V_e$$

このとき，自由度 ϕ_A, ϕ_e はいくらになるであろうか．その値を見いだすためには総変動 S の自由度 ϕ を利用すれば便利である．すなわち，S を求めるためには総平均 $\overline{X}$ を計算する必要があるから，自由度 ϕ は

$$\phi = 総データ数 - 1 = nk - 1$$

で与えられる．また，水準間変動 S_A の自由度 ϕ_A は水準数から 1 を減じればよく

$$\phi_A = k - 1$$

となる．さらに，誤差変動 S_e の自由度 ϕ_e は水準ごとの自由度 $n-1$ を k 倍して

$$\phi_e = k(n-1) = (データの総数) - (水準の数)$$

である．従って，

$$\phi = \phi_A + \phi_e$$

なる関係が成立している．

上の数値例では

$$\phi = 9-1 = 8, \quad \phi_A = 3-1 = 2, \quad \phi_e = 9-3 = 6$$

であるから，

$$F_0 = V_A/V_e = (6/2)/(12/6) = 1.5$$

となる.ここで,$\alpha = 0.05$ に対する F の値は $F_6^2(0.05) = 5.14$ であるから,$F_0 = 1.5 < F = 5.14$ より,データが取られた3つの母集団が同じ平均をもつという帰無仮説,すなわち,3種類の肥料の効果が同一であるという仮説を棄却することはできない.この結果より3つの水準が同じ分散をもつ正規分布であると考えられるから,3つの水準は同一の母集団であると考えられる.

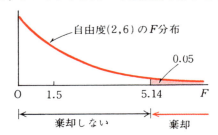

ここで注意しなければならないことは,H_0 が棄却される場合にはこの検定ではいずれの平均間に有意な差があるかは明らかにできない点である.この点については後の節で触れることにする.

なお,通常は以上の結果を次のような分散分析表にまとめて検定を行なう.

要因	S	ϕ	V	F_0
水準間 A	6	2	3	1.5
誤　差 e	12	6	2	
計	18	8		

（分散分析表）

(**例 10.6**) プラスティック工場では化学反応を用いて製品を製造しているが,化学反応の反応温度が製品の歩留のバラツキに影響を与えているかどうかを知りたい.そこで,反応温度を $A_1 = 40°C$, $A_2 = 50°C$, $A_3 = 60°C$, $A_4 = 70°C$ の4水準として各水準で製品を製造した結果,次のような表が得られた.

A_1	A_2	A_3	A_4
80	70	78	90
82	75	81	94
85	76		
82			

有意水準 1% で $\mu_1 = \mu_2 = \mu_3 = \mu_4$ かどうかを検定しなさい.

(**解答**) この例は水準間の繰り返し数が等しくない場合の分散分析であるが,検定の方法は上の手続きを踏むとよい.ただし,各データから一定の数(例え

ば80）を引き去っても分散は不変であったから，その性質を利用すれば計算がずっと簡単になる．上の例では

	A_1	A_2	A_3	A_4	計
	0	-10	-2	10	-2
	2	-5	1	14	12
	5	-4			1
	2				2
計	9	-19	-1	24	13
和の二乗	81	361	1	576	
和の二乗/n_i	20.3	120.3	0.5	296	429.1
二乗和	33	141	5	296	475

$V_A = (429.1 - 13^2/11)/3 = 137.9$
$V_e = (475 - 429.1)/(11 - 4) = 6.56$
$F_0 = 137.9/6.56 = 21.0 \qquad F_7^3(0.01) = 8.45$

より，$F_0 > F_7^3(0.01)$であるから，H_0は棄却される．すなわち，少なくとも母平均のうちの2つに差があるといえる．

分散分析表を作れば次のようになる．

要因	S	ϕ	V	F_0
温度間 A	413.7	3	137.9	21.0**
誤差 e	45.9	7	6.56	
計	459.6	10		

この例のように帰無仮説が1%で棄却されるならF_0の数値に星印を2つ，5%で棄却されるなら1つつけることが多い．

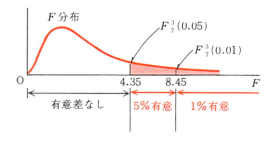

10.4. 分散分析の数理的説明

前節で説明した1因子の分散分析（一元配置の実験ともいう）の背景となる数学的な意味づけを考えてみよう．

水準 i における j 番目のデータの構造を

$$x_{ij} = \mu + \alpha_i + \varepsilon_{ij}$$

であると仮定する．ただし，μ は実験全体の母平均，α_i は因子 A の水準 i における効果を表わす定数で $\sum \alpha_i = 0$ を満たす．すなわち，μ と各水準の母平均とのカタヨリを表わしている．また，ε_{ij} は誤差の効果を表わす確率変数で，平均 0，分散 σ_e^2 の正規分布 $N(0, \sigma_e^2)$ に従い互いに独立とする．

$$\bar{\varepsilon} = (\bar{\varepsilon}_{1\cdot} + \bar{\varepsilon}_{2\cdot} + \cdots + \bar{\varepsilon}_{k\cdot})/k$$

とおけば

$$\overline{X} = \mu + \bar{\varepsilon}$$

と書ける．ここで，k を水準数，n を各水準内のデータ数（繰り返し数），$\overline{X} = \sum_{i=1}^{k} \sum_{j=1}^{n} x_{ij}/kn$ を総平均とすれば，

$E(S) = E[\sum\sum (x_{ij} - \overline{X})^2] = E[\sum\sum \{(\mu + \alpha_i + \varepsilon_{ij}) - (\mu + \bar{\varepsilon})\}^2] = E[\sum\sum \{\alpha_i + (\varepsilon_{ij} - \bar{\varepsilon})\}^2] = E[\sum\sum \alpha_i^2 + 2\sum\sum \alpha_i (\varepsilon_{ij} - \bar{\varepsilon}) + \sum\sum (\varepsilon_{ij} - \bar{\varepsilon})^2]$

となるが，ε_{ij} は互いに独立で $E(\varepsilon_{ij}) = 0$ であるから

$$E\{\sum\sum \alpha_i (\varepsilon_{ij} - \bar{\varepsilon})\} = 0$$

が成り立っている．だから

$E(S) = E[\sum\sum \alpha_i^2] + E[\sum\sum (\varepsilon_{ij} - \bar{\varepsilon})^2] = n\sum \alpha_i^2 + E[\sum\sum (\varepsilon_{ij} - \bar{\varepsilon})^2]$

となる．ここで，

$$\sigma_A^2 = \sum \alpha_i^2/(k-1), \quad \mu_i = \mu + \alpha_i$$

とおけば，$E(\varepsilon_{ij}) = 0$，$\text{Var}(\varepsilon_{ij}) = \sigma_e^2$ より

$$\sigma_e^2 = E[\sum\sum (\varepsilon_{ij} - \bar{\varepsilon})^2/(kn-1)]$$

であるから，結局

$$E(S) = n(k-1)\sigma_A^2 + (nk-1)\sigma_e^2$$

と書ける．全く同様にして，

$$E(S_A) = n(k-1)\sigma_A^2 + (k-1)\sigma_e^2$$

$$E(S_e) = k(n-1)\sigma_e^2$$

となる．これらの結果を各自由度で割ると不偏分散の期待値は

$$E(V) = \{n(k-1)\sigma_A^2 + (nk-1)\sigma_e^2\}/(nk-1)$$

$$= \sigma_e^2 + \{n(k-1)\sigma_A^2/(nk-1)\}$$
$$E(V_A) = \sigma_e^2 + n\sigma_A^2$$
$$E(V_e) = \sigma_e^2$$

で与えられる．そして，水準間変動に対して誤差変動を検定するには
$$F_0 = V_A/V_e \geqq F_{\phi_e}^{\phi_A}(\alpha)$$
ならば有意と判定できた．

いま，F_0 に上で求めた不偏分散の期待値を用いると $(\sigma_e^2 + n\sigma_A^2)/\sigma_e^2$ と書けるから，$\sigma_A^2 = 0$ ならば，F_0 の期待値は 1，σ_A^2 が大ならば F_0 も大になる．すなわち，F 検定は $\sigma_A^2 = 0$ を検定していることと同値である．さらに，$\sigma_A^2 = 0$ なら H_0 は $\sum \alpha_i^2/(k-1) = 0$ であるから，$\alpha_1 = \alpha_2 = \cdots = \alpha_k = 0$ である．従って，因子 A の各水準の母平均が相等しい ($\mu_1 = \mu_2 = \cdots = \mu_k$) を検定していることになり，分散分析によって各母平均が等しいか否かを同時に検定できるのである．

10.5. Scheffe の検定と各水準の母平均の推定

分散分析で F 検定の結果，仮説 H_0 : $\mu_1 = \mu_2 = \cdots = \mu_k$ が棄却された（有意差あり）としよう．この場合，各水準の母平均が等しくないというのみで，それ以外の情報は何も与えてくれない．従って，実験者はどの平均同志に有意な差があるのかを知るためには別の検定を行う必要がある．その検定については多くの統計学者が考察しているが，ここでは Scheffe の方法を紹介しておこう．この検定方法は各水準間のサンプルの大きさが異なっていても適用可能であり，しかも，母集団分布が正規分布でなくても，さらに，等分散でなくてもかなり偉力を発揮する．Scheffe の方法は次のような手続きを踏めばよい．

1) $S = \sqrt{(k-1) F_{nk-k}^{k-1}(\alpha) V_e}$ を計算する
2) 各水準の繰り返し数が等しければ，$|\overline{X}_{i\cdot} - \overline{X}_{j\cdot}|$ と $S\sqrt{2/n}$ の大小を比べる．もし水準内の繰り返し数が等しくなければ，$|\overline{X}_{i\cdot} - \overline{X}_{j\cdot}|$ と $S\sqrt{(1/n_i)+(1/n_j)}$ の大小を比べる．この操作をすべての水準のペアに対して実行する．
3) $|\overline{X}_{i\cdot} - \overline{X}_{j\cdot}|$ の方が大きければ H_0 : $\mu_i = \mu_j$ を棄却し，小さければ $\mu_i = \mu_j$ という仮説を棄却しない

（例10.7） 大工と左官屋と電気屋の月収が同じかどうかを調べたい．ランダムサンプルにより次のようなデータが得られた．（単位は万円）

大　　工	34	30	32	26	29
左官屋	33	37	35		
電気屋	39	37	35	37	

分散分析により，H_0：$\mu_1=\mu_2=\mu_3$ が棄却されることがわかる．そこで，$\alpha=0.01$ として，どの平均のペアが異なるかを知るために Scheffe の検定を適用してみよう．

（解答） $\overline{X}_{1\cdot}=30.2$，$\overline{X}_{2\cdot}=35$，$\overline{X}_{3\cdot}=37$，$n_1=5$，$n_2=3$，$n_3=4$，$k-1=3-1=2$ より $F_9^2(0.01)=8.02$ である．そして

$$V_e=5.87,\quad S=\sqrt{2\cdot 8.02\cdot 5.87}=9.70$$

これらの数値をもとにして2つの平均値のあらゆるペアを調べると次表が得られる．

	平　均　値　の　差			$\sqrt{\dfrac{1}{n_i}+\dfrac{1}{n_j}}$		$S\sqrt{\dfrac{1}{n_i}+\dfrac{1}{n_i}}$	
	$\overline{X}_{2\cdot}=35$	$\overline{X}_{3\cdot}=37$	n_i	n_2	n_3		
大　工　$\overline{X}_{1\cdot}=30.2$	-4.8	-6.8	5	0.73	0.671	7.08	6.51
左　官　$\overline{X}_{2\cdot}=35.0$		-2.0	3		0.764		7.41
電気屋　$\overline{X}_{3\cdot}=37.0$			4				

従って，$|-6.8|>6.51$ であるから「$\mu_1=\mu_3$」は棄却されるが，$|-4.8|<7.08$ および $|-2.0|<7.41$ より「$\mu_1=\mu_2$」と「$\mu_2=\mu_3$」は棄却できない．

次に各水準の母平均 μ_i の推定の問題を考えよう．母平均 μ_i の点推定は各水準の平均値 $\overline{X}_{i\cdot}$ を用いればよいが，μ_i の区間推定は次の手続きを踏まなければならない．

データの構造モデル

$$x_{ij}=\mu+\alpha_i+\varepsilon_{ij}\quad (\varepsilon_{ij}\sim N(0,\ \sigma_e^2))$$

より，

$$\overline{X}_{i\cdot}=\mu+\alpha_i+\overline{\varepsilon}_{i\cdot}$$

従って　　　$E(\overline{X}_{i\cdot})=E(\mu)+E(\alpha_i)+E(\overline{\varepsilon}_{i\cdot})=\mu+\alpha_i=\mu_i$

そして，繰り返し数を n とすれば，μ，α_i が定数であることから分散は

$$V(\overline{X}_{i\cdot})=V(\mu)+V(\alpha_i)+V(\overline{\varepsilon}_{i\cdot})=\sigma_e^2/n$$

一方，$\overline{X}_{i\cdot}\sim N(\mu_i,\ \sigma_e^2/n)$ より，$(\overline{X}_{i\cdot}-\mu_i)/(\sigma_e/\sqrt{n})\sim N(0,1)$ で，かつ，$S_e/\sigma_e^2\sim \chi^2(\phi_e)$ より $S_e/\phi_e=V_e$ とおけば $\phi_e V_e/\sigma_e^2\sim \chi^2(\phi_e)$ となる．だか

ら，

$$\frac{(標準正規分布)}{\sqrt{(\chi^2 分布)/自由度}} = \frac{\overline{X}_{i\cdot} - \mu_i}{\sqrt{\dfrac{V_e}{n}}} \sim t(\phi_e)$$

従って，信頼度係数を $1-\alpha$ とすれば

$$\Pr\left\{-t(\phi_e;\alpha) < \frac{\overline{X}_{i\cdot} - \mu_i}{\sqrt{\dfrac{V_e}{n}}} < t(\phi_e;\alpha)\right\} = \alpha$$

より，μ_i の $(1-\alpha)$ ％信頼区間の信頼限界は

$$\overline{X}_{i\cdot} \pm t(\phi_e;\alpha)\sqrt{V_e/n}$$

で与えられる．

また，水準内の繰り返し数 n_i が水準毎で異なる場合には

$$V(\overline{X}_{i\cdot}) = \sigma_e^2/n_i$$

より μ_i の $(1-\alpha)$ ％信頼区間は

$$\overline{X}_i \pm t(\phi_e, \alpha)\sqrt{V_e/n_i}$$

で与えられる．

例えば，例 10.7 のデータに対して各水準の母平均 μ_i ($i=1, 2, 3$) の 95％ 信頼区間を求めると，$V_e = 5.87$ となることより

A_1；$30.2 \pm t(9, 0.05)\sqrt{5.87/5} = 27.75$ と 32.65
A_2；$35.0 \pm t(9, 0.05)\sqrt{5.87/3} = 31.84$ と 38.16
A_3；$37.0 \pm t(9, 0.05)\sqrt{5.87/4} = 34.26$ と 39.74

これらの結果を図示すれば次のようになり，繰り返し回数の少ない水準 A_2 の

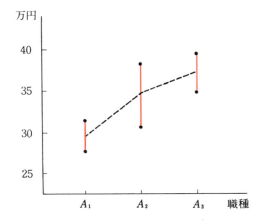

区間幅が A_1, A_3 と比較して大きくなっていることがわかる.

10.6. 二項分布の母数の推測

6.4節で述べたように二項分布の母数に関する推測を近似的でなく正確に行なうためには F 分布の概念が必要であった.この節では二項分布の未知の母数が,与えられた値 P_0 に等しいか否かを検定する問題とその区間推定について考えよう.

(1) 検定の問題 成功の確率 P をもつ二項分布に従う母集団から大きさ n のサンプルを取り出し,サンプル中の成功の数 x に基づいて

  帰無仮説 H_0: $P = P_0$
  対立仮説 H_1: $P \neq P_0$ (両側検定)
     H_1: $P < P_0$ または $P > P_0$ (片側検定)

なる検定を行なってみよう.帰無仮説が成り立つとすれば大きさ n のサンプルの中に r 個の成功を表わすデータが存在する確率は

$$P(r) = {}_nC_r P_0^r (1-P_0)^{n-r}$$

で与えられる.いま,成功の数を x としたとき,対立仮説 H_1: $P \neq P_0$(両側検定)に対して検定を行なうためには,$P = P_0$ が成り立つとしてサンプルの中に成功を示すデータが x 以上かまたは x 以下の確率の小さい方と有意水準の半分 $\alpha/2$ とを比較すればよい.すなわち,

$$\sum_{r=0}^{x} P(r) \text{ と } \sum_{r=x}^{n} P(r) \text{ の小さい方} \leq \alpha/2 \quad \text{(両側検定)}$$

ならば,有意水準 α で仮説を棄却できる.

また,対立仮説が H_1: $P < P_0$(または,H_1: $P > P_0$)のようなタイプの片側検定の場合には,H_0 のもとでサンプル中の成功を示すデータ数が x 以下(または x 以上)である確率と有意水準 α とを比較すればよい.すなわち,

$$\sum_{r=0}^{x} P(r) \leq \alpha \quad\quad (H_1: P < P_0 \text{ なら})$$

$$\sum_{r=x}^{n} P(r) \leq \alpha \quad\quad (H_1: P > P_0 \text{ なら})$$

を満たすなら,有意水準 α で仮説を棄却できる.

さて,これらの検定では

$$\sum_{r=0}^{x} P(r) = \sum_{r=0}^{x} {}_nC_r P_0^r (1-P_0)^{n-r}$$

または

$$\sum_{r=x}^{n} P(r) = \sum_{r=x}^{n} {}_nC_r P_0^r (1-P_0)^{n-r}$$

のような二項分布の部分和を計算する必要がある．n, x が小さい場合には二項分布表を利用したり簡単な計算が可能であるが，これらの値が大きくなれば，次の関係を用いて F 分布による方が便利である．

1) 二項分布の部分和 $\sum_{r=0}^{x} P(r)$ は自由度 $\phi_1 = 2(x+1)$, $\phi_2 = 2(n-x)$ の F 統計量が $\phi_2 P / \{\phi_1 (1-P)\}$ 以上となる確率に等しい．すなわち，

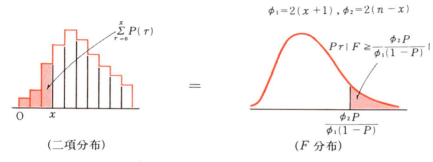

(二項分布) (F 分布)

2) 二項分布の部分和 $\sum_{r=x}^{n} P(r)$ は自由度 $\phi_1' = 2(n-x+1)$, $\phi_2' = 2x$ の F 統計量が $\phi_2'(1-P)/(\phi_1' P)$ 以上となる確率に等しい．すなわち，

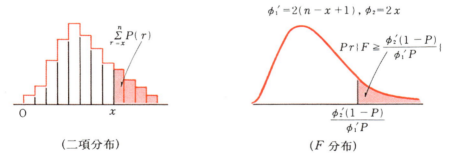

(二項分布) (F 分布)

これら 2 つの性質を利用すれば，次のような F 分布による検定が得られる．

　　　（両側検定　$H_0: P \neq P_0$ のとき）

$P < P_0$ なら　　$\phi_2 P_0 / \{\phi_1 (1-P_0)\} \geq F^{\phi_1}_{\phi_2}(\alpha/2)$

　　　　　　　　ただし，$\phi_1 = 2(x+1)$, $\phi_2 = 2(n-x)$

$P > P_0$ なら　　$\phi_2'(1-P_0)/(\phi_1' P_0) \geq F^{\phi_1'}_{\phi_2'}(\alpha/2)$

　　　　　　　　ただし，$\phi_1' = 2(n-x+1)$, $\phi_2' = 2x$

　　　（片側検定のとき）

$H_1: P < P_0$ なら $\phi_2 P_0 / \{\phi_1 (1-P_0)\} \geq F^{\phi_1}_{\phi_2}(\alpha/2)$

$P > P_0$ なら

$$\phi_2'(1-P_0)/(\phi_1'P_0) \geqq F_{\phi_2'}^{\phi_1'}(\alpha/2)$$

ただし，$\phi_1 = 2(x+1)$, $\phi_2 = 2(n-x)$

ただし，$\phi_1' = 2(n-x+1)$, $\phi_2' = 2x$

ならば，有意水準 α で H_0 を棄却できる．

(2) 区間推定の問題　　上で述べた検定の方法を利用すれば母数 P の区間推定がただちに行なえる．すなわち，大きさ n のサンプル中に成功を表わすデータが x 個あれば，信頼度 $1-\alpha$ の P に対する信頼区間の上限 P_U と下限 P_L はそれぞれ

$$P_U : \sum_{r=0}^{x} {}_nC_r P^r(1-P)^{n-r} = \alpha/2$$

$$P_L : \sum_{r=x}^{n} {}_nC_r P^r(1-P)^{n-r} = \alpha/2$$

を満足する P を求めればよい．

二項分布の部分和と F 分布の関係を用いると

$$P_U = \frac{\phi_1 F_{\phi_2}^{\phi_1}(\alpha/2)}{\phi_2 + \phi_1 F_{\phi_2}^{\phi_1}(\alpha/2)} \quad \text{ただし} \begin{cases} \phi_1 = 2(x+1) \\ \phi_2 = 2(n-x) \end{cases}$$

$$P_L = \frac{\phi_2'}{\phi_2' + \phi_1' F_{\phi_2'}^{\phi_1'}(\alpha/2)} \quad \text{ただし} \begin{cases} \phi_1' = 2(n-x+1) \\ \phi_2' = 2x \end{cases}$$

で与えられる．

（例 10.8）　ある工場で生産している製品の不良率は従来10%であった．工程を変更して不良率が変化したかを調べるために，新しい工程で製造された製品を50個取り出し，検査したところ3個の不良品が見つかった．工程の変更によって従来の不良率が変化しただろうか（有意水準5%）．

（解答）　工程変更後の母不良率を P とすると，

$$H_0 : P = 0.10, \quad H_1 : P \neq 0.10 \quad (\alpha = 0.05)$$

である．$\phi_1 = 2(x+1) = 8$, $\phi_2 = 2(n-x) = 94$ より，

$$\phi_2 P_0 / \{\phi_1(1-P_0)\} = (94 \times 0.10)/(8 \times 0.90) = 1.31$$

$F_{\phi_2}^{\phi_1}(0.025) = F_{94}^{8}(0.025) > F_{120}^{8}(0.025) = 2.30 > 1.31$ であるから

$$1.31 < 2.30 < F_{94}^{8}(0.025)$$

となり，H_0 を棄却できない．

練習問題 10

1. 大きさ 17 と 8 の 2 つのサンプルの標準偏差はそれぞれ $s_A=5.0$, $s_B=2.5$ である．有意水準 2.5% でこれらのサンプルは同じ分散をもつ母集団から抽出されたものであるといえるか．

2. 次のデータが与えられているとき
   (1) 分散分析を行ないなさい．
   (2) 各水準の母平均の推定値と 95% 信頼区間をもとめなさい．

A_1	A_2	A_3	A_4
66	53	61	54
65	47	66	50
66	64	68	48
67			59

3. 大都市の女子大生 (A) と地方の女子大生 (B) のバストの大きさに違いがあるかどうかを確かめるために，ランダムにサンプルを取り，次のようなデータを得た．

   $n_A=25$, $\overline{X}_A=79.0$, $V_A=25.0$
   $n_B=20$, $\overline{X}_B=75.0$, $V_B=36.0$

   (1) 大都市の女子大生 (A) と地方の女子大生 (B) のバストの大きさに違いがあるかどうかを有意水準 5% で検定しなさい．
   (2) 平均値の差の 95% 信頼区間を求めなさい．

4. A 高校と B 高校出身者のセンター試験の成績を調べると次のような事実がわかった．

	サンプルの大きさ	平均点	不偏分散
A 高校出身者	18	738	400
B 高校出身者	22	679	1600

   A 高校出身者と B 高校出身者のセンター試験の平均点が異なるかどうかを有意水準 5% で検定しなさい．

11. 相関と回帰

統計学では同時に観測した2組のデータ（例えば，女子大生の体重とバスト，IQ と数学の成績のように）の間の関係を求めたい問題がしばしば現われる．この場合，本当にそれら2組のデータ間に関係があるのかどうかという問題と，もし関係があるとすれば，一方の組のデータから他の組のデータを予測できるかという2種類の問題が考えられる．このような疑問は相関と回帰の考え方を理解することによって解決できる．

11.1. はじめに

世帯の収入（X 万円）と電力消費量（Y kWh）とに関するデータに注目することにし，第1の世帯の収入 x_1 と電力消費量 y_1 をペアにして（x_1, y_1）と表わそう．また，第2の世帯の収入 x_2 と電力消費量 y_2 をペアにして（x_2, y_2）と表わす．以下同様にして，第 n 番目の世帯の収入 x_n と電力消費量 y_n をペアにして（x_n, y_n）としよう．これらのペアを XY 座標にプロットしたとき，各点が1つの直線 $Y = \alpha + \beta X$（数学では平面上の直線の方程式を $y = ax + b$ で表わしたが，統計学では a と b とが逆になっていることに注意してほしい）の上にあるかどうかを調べよう．

次の表は上述の X と Y のペアに関するデータである．

世帯収入(X)	15	18	17	19	20	18	20	14	15	14	20	16	19
電力消費量(Y)	5	7	2	9	10	8	8	4	4	4	9	7	8

これらのデータを XY 座標にプロットすると（図 11.1）のような図が得られるが，この図のことを**散布図**と呼ぶ．

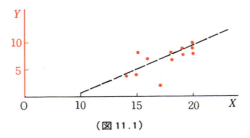

(図 11.1)

これらの点を最もうまく表わす直線の方程式はどのようになり，それはどのようにして求めればよいのであろうか．統計学ではこの直線のことを**回帰直線**と呼んでいる．「回帰」という語は親の身長とその子供の身長との間に1つの直線で表わされる関係があり，その直線の方程式を求めるのに**最小二乗法**と呼ばれる方法を開発した Sir Francis Galton が名付けたものである．

何組かの点が与えられると，それらの点を表わすのに最も相応しい直線の方程式は最小二乗法を適用すれば何時でも求めることができる．しかし，散布図を描いたとき，図 11.2 の(A)のような状況なら確かに X と Y の間には直線的な関係があると認められるが，(B)，(C) では少し疑問視せざるをえない．ところが，最小二乗法を適用すれば，散布図が(B)，(C) のような場合でも直線の方程式が機械的に導出されるから，適用にあたっては十分な注意が必要である．初学者は散布図から直線関係が観察できる場合にのみ最小二乗法を適用するようにすればよく，もう少し定量的な扱いを望まれる方は X と Y の関係を直線と考えてよいかどうか(X と Y の間に相関があるか)の検定を行なうことによって問題を解決できる．また，回帰に関する専門書では(B)のような場合には，$Y = a + bX + cX^2$ として a，b，c を決定する問題も扱われているが，本書では直線関係に限定しておこう．

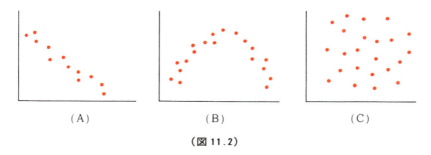

(A)　　　(B)　　　(C)

(図 11.2)

一般に，回帰式を導出する目的は一方の変数を用いて他方の変数の値を予測

することにあることが多い．例えば，コオロギが1分間にコロコロと鳴く回数を数えて気温を推定できる．また，新入生の高等学校での成績をもとにして大学で単位を落す科目数を論じることもできよう．このように，その値がわかる変数（コオロギが1分間にコロコロと鳴く回数や新入生の高等学校での成績）を**独立変数**または**説明変数**と呼びXで表わす．一方，その値が予測される方の変数（気温や単位を落す科目数）を**従属変数**または**被説明変数**と呼びYで表わす．

さて，与えられたデータから直線の方程式 $Y=\alpha+\beta X$ を定める場合に生じる問題点を次の例を通して考えてみよう．

X	5	10	25
Y	5	20	20

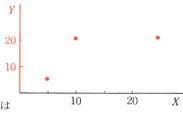

X を用いて Y の値を予測するために，$Y=\alpha+\beta X$ なる形の方程式を求めてみよう．例えば，$X=15$ ならそれに対応する Y の値はいくらであろうか．もし α と β の値を定めることができれば，$\hat{Y}=\hat{\alpha}+15\hat{\beta}$ である．ここで記号＾は元のデータを用いて導出した回帰式によって計算した Y の予測値を表わし，真の Y と区別するために用いる記号である．真の値 Y と予測値 $\hat{Y}$ との差を**推定誤差**と呼ぶが，回帰式（与えられた点を最もうまく表現する直線）はこれらの推定誤差の二乗和が最小になるように α と β の値を定めた直線である．

（例11.1） 上述の数値例

X	5	10	25
Y	5	20	20

に対する回帰式として次のいずれが適当かを考えてみよう．
(a) $\hat{Y}=15$ （$\alpha=\overline{Y}$，$\beta=0$ として得られる）
(b) $\hat{Y}=-10+3X$ （(5, 5)，(10, 20)を通る直線）
(c) $\hat{Y}=1.25+0.75X$ （(5, 5)と(25, 20)を通る直線）
(d) $\hat{Y}=7.31+0.57X$ （最小二乗法による真の回帰式）

(説明)

X	Y	$\hat{Y}$	(a) $(Y-\hat{Y})^2$	$\hat{Y}$	(b) $(Y-\hat{Y})^2$	$\hat{Y}$	(c) $(Y-\hat{Y})^2$	$\hat{Y}$	(d) $(Y-\hat{Y})^2$
5	5	15	100	5	0	5	0	10.2	27.0
10	20	15	25	20	0	8.75	126.6	13.1	47.6
25	20	15	25	65	2,025	20	0	21.7	2.9
計			150		2,025		126.6		77.5

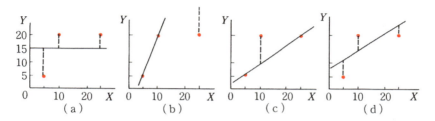

誤差の二乗和は $\hat{Y}=7.31+0.57X$ のときが最小であり，4つの推定式のうちで最も適当である．

さて，それでは回帰式はどのようにして求めればよいだろうか．その原理を完全に理解するためには微積分の知識を必要とするのでここでは省略するが，直観的には図の点線の長さの和を最小にするような直線を数学的に求める方法だと考えておけばよい．そのとき，$\hat{\beta}$ と $\hat{\alpha}$ は次式で与えられる．

$$\left. \begin{array}{l} \hat{\beta}=\dfrac{n\sum x_i y_i -(\sum x_i)(\sum y_i)}{n\sum x_i^2 -(\sum x_i)^2} \\ \hat{\alpha}=\dfrac{\sum y_i}{n}-\hat{\beta}\dfrac{\sum x_i}{n}=\overline{Y}-\hat{\beta}\overline{X} \end{array} \right\} \quad (11.1)$$

ただし，n は X と Y のペアの数を表わし両方の合計ではない．上の例では $n=3$ であって6でない．

(例11.2)

X	1	2	4	8
Y	6	3	2	1

とするとき，$X=6$ に対する Y の値を予測してみよう．

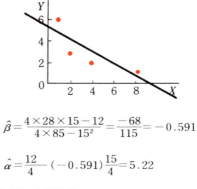

$$\hat{\beta} = \frac{4 \times 28 \times 15 - 12}{4 \times 85 - 15^2} = \frac{-68}{115} = -0.591$$

$$\hat{\alpha} = \frac{12}{4} - (-0.591)\frac{15}{4} = 5.22$$

より $\hat{Y} = 5.22 - 0.591X$

$X = 6$ とすると $\hat{Y}(6) = 5.22 - 0.596(6) = 1.67$

上述のように回帰式は予測にしばしば用いられるが,予測値がどの程度の誤差を含むかがわからなければ予測自体に意味がない.また,誤差を評価するためには母集団分布に適当な仮定が必要である.これらの点に関しては後の節で考えることにしよう.ただ,回帰式を機械的に用いる場合には次の点に留意すべきである.

(1) データの配列が直線と掛け離れているときでも,最小二乗法により係数 α と β が(11.1)式で定まり,回帰式を求めることができる.例えば,次図のようにデータが円形に並んでいる場合も直線の方程式が導出されるため,まず散布図を描きデータが近似的に直線上に並んでいることを確認してから係数 α, β を求めるべきである.

(2) あらかじめどの変数(X)を用いてどの変数(Y)を予測するかを定めておく必要がある.両者を入れ替えれば結果が異なることがある.

(3) X と Y の間に何も因果関係がなくても,また,関係のあることが絶対にないと証明されていても回帰式が導出されるから注意が必要である.たとえ

ば，日本の各都市に注目し，街灯の数と性犯罪の数とのペアをとれば直線的な関係があることがわかる．従って，性犯罪を減らすためには街灯を減らして町を暗くすればよいと結論すると誰でもおかしいと思うだろう．これは両方とも町の大きさに関係しており，人口が増加すれば増えるからである．

11.2. 相関係数

　統計学では相関係数と呼ばれるものが幾つかあるが，最も広く用いられているピアーソン (Pearson) の相関係数 r も回帰式と同様に X, Y 2つのデータの組 (X, Y) に対して求めることができる．この係数は2変数間の直線関係の度合いを表わす尺度であり，前節で説明した回帰式を用いて予測した場合にその予測の精度を求めるのに利用できる．ただ，回帰の問題と異なるのは，回帰では一方の変数を独立変数，他方を従属変数として明確に区別する必要があったが，相関の問題では両者を同等のものとして扱えばよい．例えば，背の高い人は体重が重く，背の低い人は体重が軽い傾向にあるが，身長で体重を予測することもできるし，逆に体重から身長を割り出すことも可能である．散布図を描いたとき，X と Y のあらゆる組 (X, Y) が回帰直線上にあれば相関係数は＋1か－1であり，直線の傾きが右上りなら＋1，左上りなら－1である（このとき完全相関があるという）．(X, Y) の幾つかの組が回帰直線上になければ，相関係数 r は－1と＋1の間にある．与えられたデータに対する相関係数 r は公式

$$r = \frac{S_{xy}}{\sqrt{S_x \cdot S_y}} \tag{11.2}$$

ただし，
$$S_x = \sum (x_i - \overline{X})^2$$
$$S_y = \sum (y_i - \overline{Y})^2$$
$$S_{xy} = \sum (x_i - \overline{X})(y_i - \overline{Y})$$

を用いて計算できるが，散布図から次のように大雑把な推定が可能である．

　図のような散布図

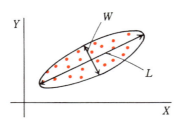

において，長さ L と幅 W を測定し，
$$r \approx \pm(1 - W/L) \tag{11.3}$$
なる関係式を利用すればよい．ただし，r の符号は L の傾きで定められ，右上りなら＋，左上りなら－である．例えば，上の散布図では $W=1$，$L=4$ より $r \approx 1-1/4 = 3/4$ である．また，

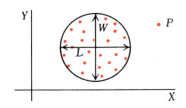

に対しては $W=1$，$L=1$ より $r \approx 1-1/1 = 0$ となる．特に，図に点が密にちらばっているときには公式で計算するのには極めて労力を要するがこの近似式を用いても十分に正確な値が得られるから便利である．また，集団から孤立した点 P がある場合にはこの孤立した点 P を除いて計算した方が精度がよくなる．

11.3. 誤差の分解

幾つかの観測値が回帰線上にないからといって統計的には X と Y との間に直線関係がないとは断言していない．すなわち，データには実験や観測に伴う誤差，さらに数値計算上の打ちきり誤差がつきもので，われわれが完全に制御できるものではない．そこで，回帰式を用いて予測を行なう場合の種々の誤差について考えておこう．

まず，
$$S_e = \sqrt{\frac{\sum(y_i - \hat{Y})^2}{n-2}} \tag{11.4}$$
で与えられる誤差を推定の標準誤差とよび，特に，根号内の分子 $\sum(y-\hat{Y})^2$ を**誤差変動**と呼ぶ．すなわち，
$$誤差変動 = \sum(y_i - \hat{Y})^2 \tag{11.5}$$
である．この定義を用いれば，回帰式を求めるための最小二乗法とは誤差変動の最小化であると解釈できる．従って，例 11.1 の(a), (b), (c)のように最小二乗法を適用せずに任意の α, β の値を用いれば，その結果得られる推定の標準

誤差（および誤差変動）は最小二乗法で求めた結果よりも大きくなる．

（例 11.3）

X	1	2	3	4	5	6
Y	0	1	3	3	4	6

なるデータがあるとき，回帰式は $\hat{Y}=-1.067+1.114X$ で与えられる．誤差変動と推定の標準誤差を求めなさい．

（解答）

X	Y	$\hat{Y}$	$(Y-\hat{Y})^2$
1	0	0.047	0.002
2	1	1.161	0.026
3	3	2.275	0.526
4	3	3.389	0.151
5	4	4.503	0.253
6	6	5.617	0.147

より，

$$誤差変動 = \sum(y-\hat{Y})^2 = 1.105$$
$$S_e = \sqrt{1.105/4} = 0.526$$

さて，直線回帰式で Y を予測する場合にデータ X が何等役立たなければ，すなわち，X と Y の間に直線関係がなければ Y の最も良い推定量は $\hat{Y}=\overline{Y}$ であり，$\sum(\hat{Y}-\overline{Y})^2=0$ が成り立つ．ところが，X と Y の間に何等かの直線関係があれば，$\sum(\hat{Y}-\overline{Y})^2$ は予測するのに $\overline{Y}$ の代わりに $\hat{Y}$ を用いたことによって得られる差を表わしている．そこで，$\sum(\hat{Y}-\overline{Y})^2$ を**回帰による変動**と呼ぶことにしよう．すなわち，

$$回帰による変動 = \sum(\hat{Y}-\overline{Y})^2 \tag{11.6}$$

である．

（例 11.4） 例 11.3 のデータに対しては

$$回帰による変動 = \sum(\hat{Y}-\overline{Y})^2 = 21.72$$

となる．

次に，平均値の周りの Y の変動 $\sum(y_i-\overline{Y})^2$ を**総変動**と呼ぶ．上の例では $\overline{Y}=17/6$ より 22.83 となることがわかる．

回帰式を考える場合，以上のような3種類の変動を定義したが，これらは別々に定まるものではなく次のような関係が存在することが少し計算すれば確かめられる．

$$\sum(y-\hat{Y})^2 + \sum(\hat{Y}-\overline{Y})^2 = \sum(y-\overline{Y})^2$$

すなわち，

$$(誤差変動)+(回帰による変動)=(総変動) \quad (11.7)$$

が成り立つ．図で示せば

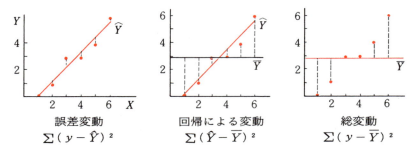

誤差変動　　　　回帰による変動　　　　総変動
$\sum(y-\hat{Y})^2$　　$\sum(\hat{Y}-\overline{Y})^2$　　$\sum(y-\overline{Y})^2$

もしすべてのデータが回帰直線上にあれば，$y-\hat{Y}=0$ であるから，$\sum(y-\hat{Y})^2=0$，すなわち，回帰による変動と総変動とが相等しくなる．ところが，Y を予測するのに X が何等関与しなければ，回帰式としては $\hat{Y}=\overline{Y}$ が最も適当であるから，回帰による変動 $\sum(\hat{Y}-\overline{Y})^2$ は 0 になる．そこで，回帰による変動と総変動との比を考えれば，与えられたデータが回帰直線にどの程度うまくあてはまるかの尺度となっている．この比のことを**決定係数**と呼び r^2 で表わす．すなわち，

$$r^2 = \frac{回帰による変動}{総\ 変\ 動} \quad (\geqq 0)$$

である．上述の例では

$$r^2 = 21.72/22.83 = 0.951$$

で与えられる．決定係数と総変動の定義式から明らかなように

$$0 \leqq r^2 \leqq 1$$

なる不等式が成立する．さらに，回帰式の β の符号と相関係数 r との間には

$$r = (b の符号)\sqrt{r^2} = (b の符号)\sqrt{(回帰による変動)/(総変動)}$$

なる関係が成立する．もちろん，r が +1 か -1 に近ければ近いほど総変動のうちで回帰による変動部分が大部分を占め，誤差変動部分が小さくなるため直線のあてはまりが良くなる．

上の関係式 r^2 に α, β の最小二乗法による推定量を代入すれば，前節の (11.2) 式で与えた相関係数 r の公式を誘導できる．さらに，(11.2) 式は

$$r = \frac{n\sum x_i y_i - (\sum x_i)(\sum y_i)}{n\sum x_i^2 - (\sum x_i)^2} \cdot \frac{\sqrt{n\sum x_i^2 - (\sum x_i)^2}}{\sqrt{n\sum y_i^2 - (\sum y_i)^2}}$$

$$= \beta\left(\frac{\sqrt{n\sum x_i^2-(\sum x_i)^2}}{\sqrt{n\sum y_i^2-(\sum y_i)^2}}\right) \tag{11.8}$$

とも書ける．そして，偏差平方和 S と不偏分散 s^2 の間には

$$S/(n-1)=s^2$$

すなわち,

$$s^2=(\sum x_i^2)/(n-1)-(\sum x_i)^2/n(n-1)$$

のような関係があったから，(11.8)式の右辺の分子，分母を $\sqrt{n(n-1)}$ で割るとそれぞれ X と Y との標準偏差 s_X, s_Y になる．従って，

$$r=\beta(s_X/s_Y), \quad \text{すなわち,} \quad \beta=r(s_Y/s_X)$$

という関係が成立していることがわかる．

（例 11.5）

X	1	2	3	4	5	6
Y	0	1	3	3	4	6

のとき，$s_X=1.871$, $s_Y=2.137$ であり，回帰式は $\hat{Y}=-1.067+1.114X$ で与えられた．従って，$\beta=1.114$ より

$$r=1.114(1.871/2.137)=0.975$$

となる．

ここで，上述の関係式を用いて機械的に相関係数を導出した場合，その解釈については以下のような点に十分注意する必要がある．

(1) 2変数間の相関が極めて高くてもそれらの間の因果関係を保証するものではない．例えば，既に述べた街灯の数と性犯罪の数の例を考えれば明らかであろう．

(2) あるサンプルでは2つの属性間に相関があるといえるが，サンプルの一部を取ると同じ相関係数が得られないことがある．一般に，次図で示されるように母集団が異なった平均を持つ幾つかのグループで構成されている場合には見掛け上の相関が現われることがある．

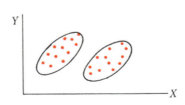

このような間違いを予防するためには常に散布図を描いて全体を把握し，サンプルの取られた母集団についての知識を獲得しておくことが望まれる．
(3) 計算した相関係数 r に基づいて解釈を与える場合には特に十分な注意が要求される．大体の目安をいえば，r の値が 0.7 よりも大きければ X と Y との間の関連性は極めて高く，0.3 と 0.7 の間なら何等かの関係があると考えられる．ところが，0 と 0.3 の間の場合には，その関係はほとんど無視できる．なお，r の値が負のときにも同様の議論ができる．ここで「大体の目安」と言ったのは r が直線的な関係があるか否かの尺度であるからである．例えば，散布図を描いたとき次図のように X と Y との間に 2 次の関係がある場合は，それらの間の関係は極めて強いにもかかわらず，直線関係でないために r の値は 0 に近くなる．

(4) データ X，Y が取られた母集団の分布については何も仮定しなかったが，その場合でも記述統計量として回帰式や相関係数を計算できる．しかし，母集団に関する推測を行なうためには分布の仮定が不可欠である．
(5) 相関係数は 2 変数間の直線関係の強さを表わす量であるのに対し，回帰式は実際に存在する関係を具体的な式の形で表わしている．さらに，回帰式では一方の変数 (X) は独立変数であるが，相関の場合では 2 変数の間に何等違いはなく，どちらを X と表わしてもかまわない．

　自然科学だけでなく社会科学のさまざまな分野でも相関・回帰の理論は盛んに取り入れられている．とくに，心理学では多変数のデータを集め，変数間に直線関係があるか否かの相関を対象とする問題が多いのに比べて，経済学（特に計量経済学）では回帰式を利用することの方が圧倒的に多い．

11.4. 回帰分析

　前節までは回帰式や相関係数をサンプルから導出する方法について述べたが，本節ではサンプルが取り出された 2 つの母集団間に存在する関係に注目し

てみよう．そのためには母集団の分布に幾つかの仮定をしておかなければならない．

(1) 実験者が指定できる（確定的な）変数 X の値を $X=x$ と与えたとき，測定値 Y の母平均 $E(Y|x)=\mu_y$ が

$$\mu_y = \alpha + \beta X$$

のような直線関係にあると仮定しよう．この関係式を x に対する Y の回帰直線という．X と Y にこのような関係があると仮定しても，$x_1, x_2, \cdots, x_n$ に対する測定値 y_i は直線上に並ばずバラツクのが普通である．このバラツキの原因は X の値が定められても X 以外の種々の予測できない原因のために y_i の値が影響を受けるからである．そこで，測定値 y_i を

$$y_i = \alpha + \beta x_i + \varepsilon_i \tag{11.9}$$

（測定値）＝（回帰による影響）＋（誤差）

のように分解できるものとする．ここで，α, β は一定の値（母数）であり，β を**母回帰係数**と呼ぶ．

(2) 誤差項 ε_i は互いに独立で，平均 0，分散 σ_e^2 の正規分布に従うものと仮定する．すなわち，各 X に対して測定値 Y のバラツキは σ_e^2 で直線 $\alpha + \beta X$ のまわりに正規分布している．記号で表わせば

$$E(Y|x) = \alpha + \beta x$$
$$\text{Var}(Y|x) = \sigma_e^2$$

となる．

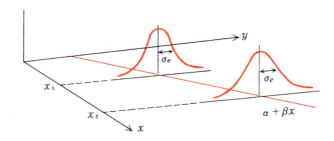

(3) 回帰式を定める（α, β を推定する）のに用いられるデータ X は通常は母集団からのランダムサンプルではなく，実験者がその値を指定できることが多い．すなわち，X は確率変数でなく実験者がバラツキなく指定できる実験の原因を表わす変数である．それに対して，Y は結果を表わす確率変数と考えるのである．

以上の仮定のもとで，与えられたデータ(X, Y)をもとにして予測に役立つ直線回帰式 $Y = \alpha + \beta X$ が実際に存在するのであろうか．もし存在しなければどの X に対しても $\overline{Y}$，すなわち，$Y = \overline{Y}$ だと考えればよい．このことは $\beta = 0$ になることを示している．従って，$\beta = 0$ か否かを検証できれば予測の可能性が明確になる．すなわち，$H_0 : \beta = 0$ なる仮説を検定する問題を解決すればよいことになる．より一般的には帰無仮説 $H_0 : \beta = \beta_0$ を検定できればよい．この仮説が棄却される場合のみ，サンプルから計算された回帰式を用いて Y の予測を行なうことができ，その予測値の精度も論じるだけの価値があることになる．

この場合の対立仮説 H_1 について述べておこう．データが取られた状況や実験の性質によって傾きが正（または負）に限定されることがあり，そのときには $H_1 : \beta > 0$（または $\beta < 0$）として片側検定を用いればよいが，それ以外は $H_1 : \beta \neq 0$ として両側検定を用いればよい．

検定の具体的手続きを求めるためには，サンプルから計算される傾きを表わす統計量 $\hat{\beta}$ の分布を知る必要がある．そこで，上述の3つの仮定がすべて満足されている母集団から大きさ n のサンプルを取り，各 n 個のサンプルに対して

$$(\hat{\beta} - \beta_0) / \sqrt{\hat{\mathrm{V}} \mathrm{ar}(\hat{\beta})} \tag{11.10}$$

を計算してみよう．ただし，

$$S_x = \sum (x_i - \overline{X})^2, \quad \hat{\mathrm{V}} \mathrm{ar}(\hat{\beta}) = \hat{\sigma}_e^2 / S_x$$

であり，$\hat{\sigma}_e^2$ は σ_e^2 の推定値で $\hat{\beta}$ と独立である．また，$(n-2) \hat{\sigma}_e^2 / \sigma_e^2$ は自由度 $(n-2)$ の χ^2 分布，$\hat{\beta}$ は正規分布 $N(\beta, \sigma_e^2 / S_x)$ に従うから，

$$t_0 = \{\hat{\beta} - \beta_0\} / \sqrt{\hat{\mathrm{V}} \mathrm{ar}(\hat{\beta})} = \{\hat{\beta} - \beta_0\} / \sqrt{\hat{\sigma}_e^2 / S_x}$$

の分布は自由度が $n-2$ の t 分布になる．この事実を利用すれば検定には t 検定を用いればよいことがわかる．とくに，回帰関係があるか否かの検定は次のように行なえばよい．

$$H_0 : \beta = 0, \quad H_1 : \beta \neq 0 \quad \text{（有意水準 } \alpha\text{）}$$

を検定するためには

$$|t_0| = \frac{|\hat{\beta}|}{\sqrt{\hat{\sigma}_e^2 / S_x}} \tag{11.11}$$

と，与えられた有意水準 α のもとで自由度 $\phi = n-2$ の t 分布の境界値と比較し，$|t_0| \geq t(n-2, \alpha)$ ならば有意（回帰関係がある）とする．

（例11.6）

X	2	3	4	5	6	7
Y	0	3	4	4	6	11

で与えられたデータに対して有意水準5％で H_0： $\beta=0$, H_1： $\beta\neq 0$ を検定しなさい．

（解答） $\hat{\beta}=(6\cdot 158-27\cdot 28)/(6\cdot 139-27)=192/105=1.8286$
$\hat{\alpha}=28/6-1.8286\cdot 27/6=-3.5619$

より，

$$\sqrt{\mathrm{Var}(\hat{\beta})}=\sqrt{6\cdot 8.82/4\cdot 105}=0.355, \quad |t_0|=1.83/0.355=5.16$$

そして，$n=6$, $\phi=4$ に対する有意水準5％の両側検定の t 値は2.78であるから（t 分布表を参照のこと），$t_0=5.16$ は棄却域に落ちる．すなわち，H_0 を棄却し H_1 を採択すればよいから，このサンプルが取られた母集団における母回帰係数は0でない．

母回帰係数 β の検定には上で述べたように t 検定を利用してもよいが，以

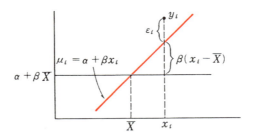

下のような F 検定を適用してもよい．すなわち，回帰モデル

$$Y=\alpha+\beta X+\varepsilon$$

を分散分析モデルと照らし合わせることにより

$$Y\ =\alpha+\beta\overline{X}+\ \beta\ (X-\overline{X})\ +\ \varepsilon_i$$
（測定値）　（総平均）（回帰による影響）　（誤差）

のように表わせる．そこで，分散分析の場合と同じように括弧内の変動を調べるために二乗して加え，平方和に分解しよう．

総平方和　　$S_y=\sum(y_i-\overline{Y})^2$
回帰による平方和　$S_R=\beta^2\sum(x_i-\overline{X})^2=\beta^2 S_x=S_{xy}^2/S_x$
誤差平方和　　$S_e=\sum[y_i-\{\overline{Y}+\beta(x_i-\overline{X})\}]^2=S_y-S_R$

ここで，S_R を用いると $H_0: \beta=0$ の検定を行なうことができ，次のような分散分析表の形で解決できる．

要因		平方和	自由度	不偏分散	分散比
回帰による	R	$S_R = S^2_{xy}/S_x$	1	$V_R = S_R/1$	$V_R/V_e = F_0$
誤差	e	$S_e = S_y - S_R$	$n-2$	$V_e = S_e/(n-2)$	
計	T	S_y	$n-1$		

なお，誤差 e の不偏分散 V_e は X 以外の影響に基づくバラツキ σ_e^2 の推定量を表わしていると考えられる．このように母回帰係数 $\beta=0$ の検定に分散分析を用いて F の検定が適用できるのは，自由度 ϕ の t 分布 (t_ϕ) と自由度 $(1, \phi)$ の F 分布 (F_ϕ^1) の間に

$$(t_\phi)^2 = F_\phi^1$$

なる関係と

$$t_0^2 = \beta^2/(\hat{\sigma}_e^2/S_x) = (S_{xy}/S_x)^2/(\hat{\sigma}_e^2/S_x) = V_R/V_e = F_0$$

なる関係が成り立つからで，どちらの検定でも本質的には同じことを行なっているからである．

11.5. 回帰式の信頼区間

与えられた n 組のサンプル (X, Y) から，最小二乗法により回帰式が $Y = \hat{\alpha} + \hat{\beta}X$ と推定されたとしよう．ここで，α，β の推定値 $\hat{\alpha}$，$\hat{\beta}$ は (11.1) 式より

$$\hat{\beta} = S_{xy}/S_x, \qquad \hat{\alpha} = \overline{Y} - \widehat{\beta X}$$

で与えられ，誤差は

$$\hat{\sigma}_e^2 = \frac{1}{n-2}\{S_y - \frac{S_{xy}^2}{S_x}\} = V_e$$

であった．さらに，少し計算すればこれらの推定値の平均と分散はそれぞれ

$$\begin{aligned}
E(\hat{\alpha}) &= \alpha, & \mathrm{Var}(\hat{\alpha}) &= (\frac{1}{n} + \frac{\overline{X}^2}{S_x})\sigma_e^2 \\
E(\hat{\beta}) &= \beta, & \mathrm{Var}(\hat{\beta}) &= \sigma_e^2/S_x \\
E(\hat{\sigma}_e^2) &= \sigma_e^2, & \mathrm{Var}(\hat{\sigma}_e^2) &= 2\sigma_e^4/(n-2)
\end{aligned} \qquad (11.12)$$

で与えられる．(11.12)式を見れば，回帰直線の推定の際には指定変数 X によってその推定精度が影響されることがわかる．

さて，$H_0: \beta=0$ を検定した結果，仮説が棄却されたとすれば，母集団のあ

らゆるペア X, Y の間に有意な直線関係が存在すると考えられる．そうすれば，任意の X に対して Y の平均値を推定することに意味があるが，その精度はどのようになるであろうか．ある $X=x_0$ に対する Y の期待値 $\mu(x_0)$ は

$$\mu(x_0) = \alpha + \beta x_0$$

を満たすことから，$\mu(x_0)$ の推定値 $\hat{\mu}(x_0)$ は

$$\hat{\mu}(x_0) = \hat{\alpha} + \hat{\beta} x_0$$

とすればよい．このとき

$$E(\hat{\mu}(x_0)) = \alpha + \beta x_0 = \mu(x_0)$$

が成り立っているから，$\hat{\mu}(x_0)$ は $\mu(x_0)$ の不偏推定値である．また，

$$\mathrm{Var}(\hat{\mu}(x_0)) = \left\{ \frac{1}{n} + \frac{(x_0 - \overline{X})^2}{S_x} \right\} \sigma_e^2 \tag{11.13}$$

であるから，x_0 における予測の精度は $\overline{X}$ の近くでは高くなり，$\overline{X}$ から離れるにしたがって悪くなることが観察できる．この事実から $\mu(x_0)$ の信頼区間は x_0 が $\overline{X}$ に近いときの方が遠いときよりも区間幅が狭くなるという性質をもっている．

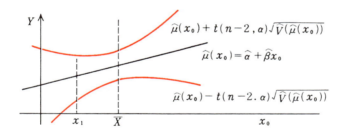

上述の式の形を利用すれば，回帰式の信頼区間が次のようにして求められる．$\hat{\alpha}$, $\hat{\beta}$ は $\hat{\sigma}_e^2$ と独立であるから $\hat{\mu}(x_0)$ も $\hat{\sigma}_e^2$ と独立であり，(11.13)式の σ_e^2 にその不偏推定量 $\hat{\sigma}_e^2$ を代入した結果を $\hat{V}(\hat{\mu}(x_0))$ と書けば，

$$t = \{\hat{\mu}(x_0) - \mu(x_0)\} / \sqrt{\hat{V}(\hat{\mu}(x_0))}$$

は自由度 $n-2$ の t の分布に従う．従って，$\mu(x_0)$ の $(1-\alpha)\%$ の信頼区間の信頼限界は

$$\hat{\mu}(x_0) \pm t(n-2, \alpha) \sqrt{\hat{V}(\hat{\mu}(x_0))}$$

で与えられる．

（例 11.7）

X	1	2	3	4
Y	0	2	1	3

のとき，(1) 回帰式を求めなさい．　(2) $x_0 = 1, 2, 2.5, 3, 4$ なるときの $\mu(x_0)$ の 90% 信頼区間をもとめ，結果を図示しなさい．

(解答)　(1)　$\hat{\beta} = (4 \cdot 19 - 10 \cdot 6)/(4 \cdot 30 - 10) = 16/20 = 0.80$,
$$\hat{\alpha} = 6/4 - 0.80 \cdot 10/4 = -0.50$$
従って，　　　　$\hat{Y} = -0.50 + 0.80 X$

(2) $n = 4$, $\phi = 2$ とすると，90% の信頼度に対しては $t = \pm 2.92$，そして，$\mu_y(x_0) = \hat{Y} \pm 2.92 \sqrt{\hat{V}(\hat{\mu}(x_0))}$　より次の結果が得られる．

X_0	$\hat{Y}$	$\sqrt{\hat{V}(\hat{\mu}(x_0))}$	信頼区間	区間幅
1	0.3	0.79	−2 ── 2.6	4.6
2	1.1	0.52	−0.4 ── 2.6	3.0
2.5	1.5	0.48	0.1 ── 2.9	2.8
3	1.9	0.52	0.4 ── 3.4	3.0
4	2.7	0.79	0.4 ── 5.0	4.6

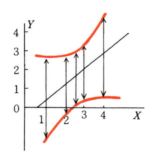

また，回帰係数 β の信頼区間も同じように求めることができる．すなわち，(11.10)式を利用すれば
$$\Pr\left\{-t(n-2, \alpha) \leq \frac{\hat{\beta} - \beta}{\sqrt{\frac{\hat{\sigma}_e^2}{S_x}}} \leq t(n-2, \alpha)\right\} = 1 - \alpha$$
となるから，信頼度 $(1-\alpha)$ の信頼限界は
$$\hat{\beta} \pm t(n-2, \alpha) \sqrt{\hat{\sigma}_e^2 / S_x}$$
で与えられる．

11.6. 相関に関する推定と検定

ある母集団が

X	1	5	3	1	5
Y	1	1	3	5	5

のようなデータで構成されているとき，母相関係数は0である．ところが，第1，3，5のペアからなる大きさ3のサンプルをとれば，サンプルの相関係数は0でなく+1である．この例は極めて人為的なものであるが，サンプルの相関係数rを計算してから母相関係数に関する仮説検定が不可欠であることを示す好例になっている．母相関係数に関する仮説検定を行なうためにはサンプルから計算される相関係数rの分布を考えなければならない．そのために，母平均μとサンプルの平均$\overline{X}$を区別したように母相関係数とサンプルの相関係数とを区別する必要がある．そこで，母相関係数をギリシャ文字のρで表わし，サンプルの相関係数rと区別することにしよう．

さて，大きさnのサンプルを可能な限り母集団から抽出し，データXとYの間の相関係数を各サンプルについて計算すればrの分布が得られるが，その具体的な形は母集団が正規分布のときのみ簡単に導出できる．すなわち，各Xに対して対応するYも正規分布でなければならず，また，各Yに対して対応するXも正規分布でなければならないという仮定が満足されるときのみ具体的な形が誘導できるのである．この仮定を満足する分布は次のようになるが，この図で示される分布を2変量正規分布と呼ぶ．

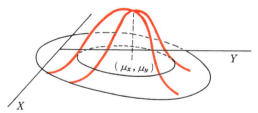

rの分布はサンプルの大きさnと母相関係数ρに依存する．すなわち，$\rho = 0$ならrの分布は0に関して対称になるが，ρが+1に近ければ正の側に，-1に近ければ負の側に歪んでいる（次の図を参照のこと）．

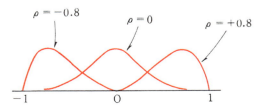

この結果より $\rho=\rho_0$ なる帰無仮説を検定するには，$\rho_0=0$ か $\rho_0\neq 0$ かによって違った方法を適用しなければならない．

まず，$H_0: \rho=0$ の場合を考えよう．$\rho=0$ なる2変量正規母集団において大きさ n の各サンプルについて r の値が計算されているとしよう．このとき r の分布は正規分布でも t 分布でもない．ところが，各サンプルに対して

$$t_0 = r\sqrt{n-2}/\sqrt{1-r^2}$$

を計算すれば自由度 $n-2$ の t 分布になる．この事実を利用すれば次のような形で検定が行なえる．

(1) 無相関の検定　　この検定は $H_0: \rho=0$，$H_1: \rho\neq 0$ の形であり，サンプルから

$$t_0 = r\sqrt{n-2}/\sqrt{1-r^2}$$

を計算し

$$|t_0| \geq t(n-2, \alpha)$$

または

$$|r| = \frac{t(n-2, \alpha)}{\sqrt{t^2(n-2, \alpha)+(n-2)}} = r(n-2, \alpha)$$

ならば H_0 を棄却する．ただし，$r(n-2, \alpha)$ は付録の表8の r 表を利用すればよい．また，$H_1: \rho<0$ あるいは $H_1: \rho>0$ なら片側検定となることに注意して有意水準を定めてほしい．

（例11.8）　　ある大学でランダムに選ばれた32人の新入生についてセンター試験と個別試験の成績の相関が 0.65 であった．この大学の全新入生を対象とした場合，これは2種類の試験の成績の間に有意な相関があるといえるか（有意水準5%）．ただし，両方の試験とも成績は正規分布に従っているとみなしてもよいとする．

（解答）　$H_0: \rho=0$，$H_1: \rho\neq 0$　　（両側検定，$\alpha=0.05$），$\phi=32-2=30$ より $t=2.04$ である．$r=0.65$，$n=32$ より

$$t_0 = r\sqrt{n-2}/\sqrt{1-r^2} = 0.65\sqrt{32-2}/\sqrt{1-0.65^2} = 4.685 > t$$

従って，H_0 は棄却され，2種類の試験の成績の間に有意な相関があるといえる．

(2) 相関の検定　　$H_0: \rho=\rho_0(\neq 0)$，$H_1: \rho\neq\rho_0$ の場合の検定について述べておこう．既に図で示したように，$\rho\neq 0$ のとき相関係数 r のサンプルの分布は

歪んでいる．ところが，フィッシャー(R. A. Fisher)は r を

$$z = \frac{1}{2}\log\frac{1+r}{1-r} = \tanh^{-1} r$$

のように変換すると（**z変換**と呼ぶ），n がある程度大きければ（$n \geqq 30$ 位なら）z は近似的に

$$\text{平均}: \xi = \frac{1}{2}\log\frac{1+\rho}{1-\rho} = \tanh^{-1}\rho, \qquad \text{分散}: \frac{1}{n-3}$$

の正規分布に従うことを証明した．ここで，分散には ρ が含まれていない点に注意してほしい．この事実を利用すれば，$\rho = \rho_0$ の検定は

$$H_0': \xi = \xi_0 \quad (\text{ただし}, \ \xi_0 = \tanh^{-1}\rho_0), \quad H_1': \xi \neq \xi_0$$

なる検定と同じことで，新しい帰無仮説 H_0' のもとで上述の z は，平均 ξ_0，分散 $1/(n-3)$ の正規分布に従うから，有意水準 α として

$$|u_0| = |z - \xi_0|/(1/\sqrt{n-3})$$

と，正規分布から得られる値 $K_{\alpha/2}$ と比較すればよい．なお，実際の計算には上の z 変換を行なう必要はなく，付録表7の z 変換表を利用すればよい．

（例 11．9） $r = 0.15$ および $r = -0.70$ に対する z の値は表7よりそれぞれ $z = 0.151$ と $z = -0.867$ になる．

（例 11．10） ある大学の2年生は経済学と西洋史の成績の間に 0.40 の相関があった．ところが，今年の1年生からランダムに 39 名を抽出し，これら2科目の成績を調べると 0.34 の相関であった．有意水準5%で今年の1年生のうちでこれら2科目を履修した全学生の成績の経済学と西洋史の相関は2年生の相関と有意な違いがあるといえるか．

（解答と説明） $H_0: \rho = 0.40, \quad H_1: \rho \neq 0.40, \quad (\alpha = 0.05)$

$r = 0.34$ より $z = 0.354$ である．また，$\rho = 0.40$ を z 変換した値 ξ_0 は 0.424 となる．そして，

$$\sigma_z = 1/\sqrt{n-3} = 1/\sqrt{36} = 0.167$$
$$u_0 = (z - \xi_0)/\sigma_z = (0.354 - 0/424)/0.167 = -0.42$$

であり，$\alpha = 0.05$ に対する両側検定の値は正規分布表より $K_{0.025} = \pm 1.96$，従って，u_0 は棄却域に落ちるから1年生の相関も 0.40 であって変わったとはいえない．

(3) 母相関係数 ρ の信頼区間　　上述の z 変換を利用すれば ρ の信頼区間を求めることができるが，その方法を例を用いて説明しておこう．

（例 11.11）　　X と Y の 103 組のデータから計算されたサンプルの相関係数は 0.58 であった．母相関係数 ρ の 95% 信頼区間を求めなさい．

（解答と説明）　　95% の信頼係数より $u=\pm 1.96$ である．$r=0.58$ なら z 変換表から $z=0.663$ となる．$n=103$ より $\sigma_z=1/\sqrt{100}=0.10$，従って，$\zeta$ は $z-u\sigma_z$ と $z+u\sigma_z$，すなわち，$0.663-1.96\times 0.10$ と $0.663+1.96\times 0.10$（$=0.465$ と 0.859）の間に 95% の信頼度で存在する．そこで，今度は z 変換表を逆に用いて

$$\zeta=0.467 \text{ なら } \rho=0.44$$
$$\zeta=0.859 \text{ なら } \rho=0.70$$

なる結果が得られ，結局，ρ の 95% 信頼区間は 0.44 と 0.70 の間である．

以上の説明を一般的に述べると ρ の信頼区間は次のようにまとめられる．
(1) 与えられた信頼係数に対して正規分布表より u の値を定める
(2) サンプルの r に対する z の値を z 変換表から求める
(3) $\sigma_z=1/\sqrt{n-3}$ を計算する
(4) ζ に対する信頼限界を $z+u\sigma_z$ とする
(5) z 変換表を逆に引いて ρ に対する信頼限界を求める

練習問題　11

1. 62 名の大都市出身の女子大生の足の太さと長さを測定した結果，相関係数が $r=-0.72$ であった．仮説 $H_0: \rho=0$ を有意水準 1% で検定しなさい．
2. 2 変量正規母集団から抽出された大きさ n のランダムサンプルに基づいて計算された相関係数 r がどのような範囲にあれば，仮説 $\rho=0$ を有意水準 5% で棄却できるか．$n=5, 10, 20, 50, 100$ について求めなさい．
3. 2 変量正規母集団から抽出された大きさ 228 のランダムサンプルに基づいて計算された相関係数 r が $r=0.68$ であった．母相関係数 ρ の 99% 信頼区間を求めなさい．
4. あるバス会社ではバスの使用年数 X（年）と維持費 Y（万円）との間の関係を調べるために，所有しているバスの使用年数と維持費を調査して次のデータを得た．回帰分析を行ないなさい．

No.	1	2	3	4	5	6	7	8	9	10
X (年数)	1.4	2.0	2.6	2.6	2.7	3.2	3.7	4.0	4.1	4.1
Y (費用)	65	76	90	74	80	95	92	97	102	110

必要なら平方和 $S_x=7.904$, $S_y=1762.9$, $S_{xy}=108.76$ を使いなさい。

5.

X	-6	-5	-4	-3	-2	-1	0	1	2	3	4	5	6
Y	8	6	6	4	4	2	2	0	0	-2	-2	-4	-4

なるデータに対して次の設問に答えなさい．ただし，必要なら $\sum x=0$, $\sum x^2=182$, $\sum y=20$, $\sum y^2=216$, $\sum xy=-182$, $n=13$ を利用しなさい．

(1) X と Y の間に回帰関係が存在するかどうかを有意水準1%で検定しなさい．

(2) 回帰式をもとめなさい．

(3) $X=2.5$ に対する Y の期待値の95%信頼区間を求めなさい．

12. ノンパラメトリック検定

多くの仮説検定では「母集団が正規分布している」というように母集団分布を規定しておかなければならないのが普通である.ところが,ノンパラメトリック検定と呼ばれる検定では分布の仮定は不要であり,対象とするデータの種類は順序データやカテゴリーデータのように通常の検定法が適用できない場合にも極めて有効である.さらに,この検定では簡単な計算によって結果が導出されることが多い.

12.1. 順位データの解析

前章までに導入された検定の多くは「母集団分布が正規分布である」という仮定を必要としていた.とくに,正規性の仮定があればサンプルに基づいて母集団に関する推測を行なった場合,誤差について議論ができた.ところが,正規性の仮定がなければ,誤差は極めて大きい可能性があり,さらに,それを推定できないことが多い.従って,母集団の分布が正規分布であるという強い仮定を必要としない検定法があれば,状況によっては強力な方法になると考えられる.一般に母集団の分布に依存しない (distribution-free) 検定法をノンパラメトリック検定(略してノンパラ検定)と呼んでいる.「ノンパラメトリック」という語は少しまぎらわしい言葉であるが,もともとは母集団分布に関して何等仮定を必要としない場合に用いられていた用語である.しかし,最近ではノンパラメトリックと呼ぶときには「分布が連続」のような極く当たり前の仮定は暗に入っていることが多い.

普通,ノンパラメトリック検定の対象としては正規性の仮定が無理なようなカテゴリーデータや順序データであることが多い.たとえば,米国と日本の大学生の身長を比較したいとき,両方のグループからサンプルを取り出し,各サンプルの身長を測定してその平均や分散をもとにして平均値の差の検定を行なってもよいが,各サンプルの身長を実際に測定する代わりに身長の低い者から

順に番号をつけ（例えば，一番低いのは日本，2番目に低いのは米国，3番目は米国，…のように），得られた順位データをもとにして検定を行なう方法も考えられる．この場合，順序データは計量データと異なるため通常の差の検定が適用できないが，この種のデータに適用可能な検定法がノンパラメトリック検定である．

　この例のように母集団が正規分布に従っているとは限らない場合でもノンパラメトリック検定は有効な検定方法であり，特に酒の旨さ，製品の光沢，女性の美しさなどのように通常の計量機器では測定が困難で，人間の感覚を物差しとして測定した方が合理的である場合のデータ（**官能検査**と呼び，結果は順序データやカテゴリーデータとして得られる）を分析するのに適している．さらに，検定に必要な数値計算は極めて単純なことが多いという長所をもっている．

　以下ではノンパラメトリック検定の代表的な例として，符号検定，順位和検定および順位相関の問題を取り上げることにする．

12.2. 符号検定

　符号検定は対応のあるデータに対する t 検定をノンパラメトリック検定に焼き直したものである．この検定はデータのペアごとの差を考え，差の符号が正のものと負のものの個数を問題とする．両方の母集団に差がなければ＋と－はほぼ同数だけ現われるはずである（＋の起こる確率と－の起こる確率は共に $1/2$ に等しい）．すなわち，帰無仮説 H_0 は正の差（＋符号）と負の差（－符号）が同じ，換言すれば，P を特定の変化（例えば正）の起こる確率とするとき，$P=1/2$ なることを示している．このことから，符号検定は $H_0: P=1/2$ として二項分布を用いることになる．ただし，差が0の回数は数えずに無視することにし，n の数をその分だけ減らしておく．

（**例12.1**）　高血圧症に効くといわれている治療薬を日頃の血圧が150を示す患者15名に投与した結果，次のようなデータが得られた（数値の正の値は血圧が上昇したことを表わす）．

　　　　$-20,\ \ \ 0,\ \ -19,\ -16,\ -17,\ -11,\ \ \ 0,\ +19,$
　　　　　　$0,\ -14,\ -11,\ -19,\ -19,\ -16,\ -19,$

この薬は高血圧症に効果があるといえるか（有意水準 $\alpha=0.05$）．

（**解答**）　$H_0: P=0.5$ ということは，この薬が何等影響を与えない，すなわ

ち，正と負への変化が同じであることを表している（ただし，P は正になる確率とする）．$H_1: P<0.5$ は正への変化が負への変化よりも少ないということを表わしている．上のデータでは＋が1つで－が11ある．そして，0が3つあるが，これを無視して n を（実際には15のデータがあるが）12とみなす．P が0.5ならば二項分布表で $n=12$, $P=0.5$ の箇所を見ることにより，1かそれ以下（ただし正）である確率は $0.003+0.000$ である．従って，$0.003<\alpha(=0.05)$ より帰無仮説は棄却される．

符号検定を適用するためには二項分布の仮定が満足されていなければならない．このことはサンプルが独立なデータの差から構成されていることを表わしている．上の例では，患者同志が互いに影響を与えていない必要がある．

さて，既に示したように n が十分に大きければ，二項分布を正規分布で近似できるが，不連続な分布を連続な分布で近似するためには0.5の補正が必要である．そのとき，$P=1/2$ の二項分布の平均は $nP=n/2$, 標準偏差は $\sqrt{nPQ}=\sqrt{n}/2$ となる．従って，n が大きいとき $H_0: P=1/2$ を検定するためには $z=\{X\pm 0.5-n/2\}/(\sqrt{n}/2)$ を計算すればよい．ただし，－符号は $X>n/2$, ＋符号は $X<n/2$ のときである．

（例12.2） ドライバー60人に酒3dlを飲ませて反応時間を測定した結果，飲酒前よりも32人は反応時間が遅く，10人は変わらず，18人は速くなった．P は反応時間が遅くなるドライバーの割合として

$$H_0: P=0.5, \quad H_1: P>0.5 \quad (\alpha=0.05, \text{片側検定})$$

とすれば，$z=1.64$ である．
$z_0=\{X\pm 1/2-n/2\}/(\sqrt{n}/2)$ において，$X=32=$ 反応時間が遅いドライバーの数，$n=32+18=50$（反応時間が不変＝0のドライバーは除く）より，

$$z_0=6.50/3.54=1.84>1.64$$

であるから H_0 を棄却する．すなわち，有意水準5％で酒を飲んだ後では反応時間が遅くなったといえる．

上述の例からもわかるように符号検定では正か負の数だけで，実際のデータ値は使っていない．換言すれば，情報があるのにそれを完全に使い切っていないという恨みはある．そのため，データが計量データであったり，差が正規分布に従うという仮定が満たされている場合には対応のあるデータの差に対する

t 検定を適用した方が検出力が高く,検定結果にも信頼性が高いと考えられる.

12.3. Wilcoxon の順位和検定

この検定は Man-Whitney の検定または順位和検定ともよばれるもので,2つの独立なランダムサンプルが同一の母集団から取り出されたかどうかを検定するために用いることができる.2つの母集団 $F_1(x)$,$F_2(x)$ から大きさ m,n のサンプル $x_1, x_2, \cdots, x_m$;$y_1, y_2, \cdots, y_n$ を取り出し,$N = m+n$ 個のデータに基づいて

H_0: $F_1(x) = F_2(x)$ (2つの母集団分布は同一である)

H_1: $F_1(x-A) = F_2(x)$ (母集団分布間に位置のズレがある)

のような仮説検定を行なうものである.その具体的手続きは,2つの母集団から取られた $m+n$ 個のデータをひとまとめにして大きさの順に順位づけを行ない,第1母集団からのデータ x_i に付けられた順位を R_{1i} ($i=1, 2, \cdots, m$),第2母集団からのデータ y_j に付けられた順位を R_{2j} ($j=1, 2, \cdots, n$) とする.このとき,H_0 が成立していれば,各母集団での平均順位 $\overline{R_{1\cdot}}, \overline{R_{2\cdot}}$ はほとんど同じ位の値になるはずで,もし H_1 の方が成立していれば差が生じるものと考えられる.ところが,全データの順位和は一定値 $1+2+\cdots+(m+n) = (m+n)(m+n+1)/2$ を取るから,どちらか一方の母集団に対する順位和が定まれば残りの母集団に対する順位和も確定する.そこで,一方の順位和のみに注目すればよい.H_0 のもとでは同一母集団から $(m+n)$ 個のデータを取り出し,そのうちの任意の m 個に第1,残りの n 個に第2 という名前を付けたと考えられる.このような名前の付け方は合計 ${}_{m+n}C_m$ 通りあり,そのうちの1つ

$$W_N = \sum_{i=1}^{n} R_{1i}$$

の得られる確率は,W_N の値を与えるような名前の付け方の数を ${}_{m+n}C_m$ で割ればよく,W_N の分布が求められる.サンプルの数が20以下の場合に対してこの確率を計算したものが付録の表9に与えられており,サンプルの大きさが大きい場合には

$$z_0 = \frac{W_N - E(W_N)}{\sqrt{\mathrm{Var}(W_N)}} = \frac{W_N - \{m(m+n+1)/2\}}{\sqrt{mn(m+n+1)/12}}$$

が近似的に標準分布 $N(0, 1)$ に従うことを利用して検定できる.

(例12.3) 2つの銘柄米 A,B を原料として日本酒を醸造している工場があ

る．各原料から醸造された酒からサンプルを6本ずつ取り出し，酒の旨さに順位をつけたところ次のようになった．

順位	(1)	(2)	(3)	(4)	(5)	(6)	(7)	(8)	(9)	(10)	(11)	(12)
原料	A	A	A	A	A	B	B	A	B	B	B	B

原料の米が酒の旨さを左右しているかを検定しなさい（有意水準5%）．

（解答） 原料 A に対する順位和を W_N とすると
$$W_N = 1+2+3+4+5+8 = 23$$
$m=n=6$ の有意水準5%に対する表の値は下側限界値として26（$>23=W_N$）であるから有意である．すなわち，原料によって酒の旨さに差があるといえる．

（例12.4） 100m競走に参加する10人の選手をランダムに5人ずつ2グループ A，B にわけ，各グループごとで異なったトレイニングをした．そして，その10人に対して100mの所要時間（秒）を測定すると次のような結果がえられた．

グループ A	13.3	12.7	12.1	12.6	12.2
グループ B	11.4	11.9	11.5	14.8	12.0

このとき，A と B のトレイニングの方法に優劣をつけることができるか．有意水準5%で検定しなさい．

（解答） 10個の測定値をひとまとめにして順位を付けると次のようになる．

グループ A	9	8	5	7	6
グループ B	1	3	2	10	4

グループ A の順位和 $W_N = 9+8+5+7+6 = 35$，$m=n=5$ として
$$E(W_N) = 5 \cdot 11/2 = 27.5,$$
$$\sqrt{\mathrm{Var}(W_N)} = \sqrt{5 \cdot 5 \cdot 11/12} = 4.787$$
$$z_0 = (35-27.5)/4.787 = 1.567$$
$\alpha=0.05$ に対する両側検定の z の境界値 $K_{0.025}$ は ± 1.96 であるから H_0 を棄却できない．すなわち，優劣を付けることはできない．

12.4. 順位相関

「2つの母集団が正規母集団である」と仮定できるときには，それらの母集団間の関連性を調べるのに相関係数が重要な役割を演じた．ところが，2つの母集団を正規母集団とみなすことができなかったり，順位データの形でしかサンプルが得られない状況で2つの母集団の間の関連性を論じたいことが時々生じる．例えば，美人コンテストで2人の審査員がn人の女性の美しさの順位を付けたとしよう．このとき，2人の評価に関連性（相関）があるといえるだろうか．このような問題に対して種々の相関係数が考案されているが，ここではスペアマンの相関係数とケンドールの相関係数について説明しておこう．

(1) スペアマン (Spearman) の順位相関係数

スペアマン (Spearman) の順位相関係数 r_s は計量値に対するピアーソンの相関係数を順位データに適用したものである．いま，2組の変量 X, Y に対して n 個のペア (X_1, Y_1), (X_2, Y_2), $\cdots$, (X_n, Y_n) が与えられているとする．各データを小さいものから順に順位を付け $i=1, 2, \cdots, n$ について

$$R_i = X_i \text{の順位} \qquad S_i = Y_i \text{の順位}$$

としよう．ここで，R_i, S_i は順位データであるが，それを通常の計量データであるかのように考えてピアーソンの相関係数を計算してみると

$$r_s = \sum_{i=1}^{n} \left(R_i - \frac{n+1}{2}\right)\left(S_i - \frac{n+1}{2}\right) \Big/ \left\{\sum_{i=1}^{n}\left(R_i - \frac{n+1}{2}\right)^2 \sum\left(S_i - \frac{n+1}{2}\right)^2\right\}^{\frac{1}{2}}$$

$$= 1 - \frac{6\sum d_i^2}{n(n^2-1)} \qquad \text{ただし } d_i = R_i - S_i$$

のように書ける．この値は X, Y の順位が完全に一致すれば $r_s=1$，完全に逆なら $r_s=-1$ となり，確かに X と Y との相関の度合いを表わしている．

（例12.5） 6個の個体に2種類のテスト X, Y を施したところ，次のような順位データが得られた．

個体	A	B	C	D	E	F
テスト X	1	2	2	4	5	6
テスト Y	3	2	1	4	6	5

スペアマンの順位相関係数 r_s を計算してみよう．

X の方の順位に同順位があるから,順位 2 を 2.5 として r_s を計算する. $n=6$ より

$$r_s = 1 - (6 \cdot 8.5)/6(6^2-1) = 1 - 0.24 = 0.76$$

となる.

さて次に母相関係数 ρ_s の検定の問題を考えよう.帰無仮説 H_0 を「X と Y の間に関連性がない」とすれば,H_0 が成立するときの r_s の分布はあらゆる可能な順位を考察することにより求めることができるが,その形は極めて複雑である.そこで,n が大きいとき(およそ 10 以上)通常の計量値の場合の無相関の検定 $\rho=0$ の際に用いられたときと同じように t 検定が適用でき

$$t_0 = r_s \sqrt{\frac{n-2}{1-r_s^2}}$$

が自由度 $n-2$ の t 分布に従うことを利用すればよい.

(例 12.6) ある工場で働く工員 18 名をランダムに選び,視力と機械操作の熟練度との間のスペアマンの順位相関係数を計算すると,0.60 であった.この工場で働く全工員に対して 5% 有意水準で視力と機械操作の熟練度との間に相関があるといえるか.

(解答) $H_0: \rho_s = 0$, $\qquad H_1: \rho_s \neq 0$ $\qquad (\alpha = 0.05)$
$r_s = 0.60$,$n=18$ より

$$t_0 = 0.6\sqrt{18-2}/\sqrt{1-0.6^2} = 3.00$$

自由度 16,$\alpha=0.05$ の t 分布の両側検定に対する境界値は $t=\pm 2.12$ であるから,H_0 は棄却され,有意な相関があるといえる.

(2) Kendall の順位相関係数

2 変量 Y,Y の間に何等かの関連性があれば,2 組のデータ (X_i, Y_i),(X_j, Y_j) に対して,X_i と X_j および Y_i と Y_j の大小関係が一致する傾向が強い.この性質を利用してケンドールは次のような順位相関係数 r_k を与えた.n 個から 2 個選び出す場合の数 ${}_nC_2 = n(n-1)/2$ のすべてに対して X と Y との大小関係を調べ,一致していれば(正順という)$+1$,一致していなければ(逆順という)-1 とし,それらの数値の和を S とする.このとき,

$$r_k = \frac{S}{n(n-1)/2}$$

をケンドールの順位相関係数と呼ぶ．明らかに X, Y の順位が完全に同じなら $S=n(n-1)/2$ であるから $r_k=+1$, 完全に逆なら $S=-n(n-1)/2$ であるから $r_k=-1$ となっている．

帰無仮説 H_0：「X と Y の間に関連性がない」のもとでは，
$$E(r_k)=0, \quad \text{Var}(r_k)=2(2n+5)/9n(n-1)$$
であるから
$$z_0=\frac{r_k}{\sqrt{2(2n+5)/9n(n-1)}}=\frac{S}{\sqrt{n(n-1)(2n+5)/18}}$$
と標準正規分布の α ％点とを比較することによって検定できる．

(例 12.7) 12人の応募者の中から美人の秘書を選ぶのに2人の審査員が面接をしてそれぞれ次のような評点をつけた．

応募者の番号	1	2	3	4	5	6	7	8	9	10	11	12
審査員 X	2	6	5	1	10	9	8	3	4	12	7	11
審査員 Y	3	4	2	1	8	11	10	6	7	12	5	9

2人の審査員の評価の間には相関があるといえるか（有意水準1％）．

(解答)　X と Y の大小関係が一致しているか否かの個数を求めるためには X の方の順位を1から12の自然の順番になるように整理すると便利である．

応募者の番号	4	1	8	9	3	2	11	7	6	5	12	10
審査員 X	1	2	3	4	5	6	7	8	9	10	11	12
審査員 Y	1	3	6	7	2	4	5	10	11	8	9	12

ここで S を求めるために Y の順位に注目して次のように考えればよい．まず，最初の順位1よりも右側にある数値で1以上の数値の個数を数えると11, 1よりも右側にある数値で1以下の数値の個数は0である．次に2番目の順位3に注目し，3よりも右側にある数値で3以上の数値の個数を数えると6, 7, 4, 5, 10, 11, 8, 9, 12 の9個, 3よりも右側にある数値で3以下の数値の個数は1である．同じようにしてすべての Y の数値について調べると
$$S=(11-0)+(9-1)+(6-3)+\cdots+(2-0)+(1-0)=44$$
従って，
$$r_k=44/(12\cdot11/2)=0.667$$
$$z_0=44/\sqrt{12\cdot11\cdot29/18}=3.01>K_{0.005}=2.576$$
であるから1％有意である．

練習問題 12

1. ある大学の大学院の入試では卒業論文を審査の対象にしている。2人の審査員A，Bが10人の受験者の卒業論文を審査し，それぞれ次のような順位をつけた。審査員AとBの評価の間に関連性があるかどうかをSpermanの順位相関係数とKendallの順位相関係数を用いて有意水準5％で検定しなさい。

受験者	(1)	(2)	(3)	(4)	(5)	(6)	(7)	(8)	(9)	(10)
Aの順位	2	1	5	9	6	8	10	3	7	4
Bの順位	1	2	3	7	8	6	9	4	10	5

2. 英会話の教習所A，Bを修了した生徒の中からランダムに7人ずつサンプルを取り，英会話のうまさの順位をつけると次のようになった。

順位	(1)	(2)	(3)	(4)	(5)	(6)	(7)	(8)	(9)	(10)	(11)	(12)	(13)	(14)
出身	A	A	B	A	A	B	A	B	B	A	B	B	A	B

A，B両教習所の修了者に差があるかどうかを有意水準5％で検定しなさい。

3. 肥満体を正常にすると宣伝している薬がある。この薬を10人の肥満体の女性に投与した結果，減少した体重はそれぞれ10，10，10，-1，6，5，4，-1，4，-3 (kg) であった。
   (1) 符号検定を用いて「この薬に効果がない」という帰無仮説を有意水準1％で検定しなさい。
   (2) t検定を用いた場合の結果と比較しなさい。

4. 既婚の男性15人をランダムに選び「結婚に満足しているかどうか」と，「結婚後の年数」を質問して次の表を得た。2つのグループ間に結婚後の年数差があるかどうかを有意水準5％で検定しなさい。

	結婚後の年数								
満足(A)	1	3	3	2	7	10			
不満足(B)	16	4	9	20	16	7	4	6	18

5. r_s が 0.20, 0.40, 0.60 のとき, $n=10, 50, 100$ に対して $H_0: \rho_s=0$, $H_1: \rho_s \neq 0$ を有意水準5％で検定しなさい。

練習問題解答

練習問題 1

1. (1) サイコロを限りなく投げた場合に出る目の数の和
   (2) 長期間にわたる毎日の証券の総取引額
   (3) その工場で製造されたすべてのパンティストッキングの寿命
   (4) キャバクラで働くすべてのホステスの月収
   (5) センター試験の全受験者の得点
2. (1) 母集団は我が国20才以上のサラリーマン全体,サンプルは私が住んでいる町内の20才以上のサラリーマン50人
   (2) 同じ町内に住んでいる人は所得が同じ位の可能性が高い.従って,サンプルはランダムでなく,我が国全体を代表しているとはいえない.
3. (1) ランダムでない.すべての郵便番号には同じ位の数の住民が属するとは考えられないから.
   (2) サンプリングの方法としては極めてまずい.新薬の投与を希望する患者は治癒の望みの低い者が多く,さらに,この研究所にくる患者は他の病院で見離された者が大部分であると考えられる.
   (4) ランダムサンプリングではなく系統的サンプリングである.
   (5) ランダムサンプリングではない.論文を書いていない研究者は返送しない傾向にあるからである.

練習問題 2

1. (1)

x	0	1	2	3	4	5
度数	4	8	10	14	7	1
累積度数	4	12	22	36	43	44

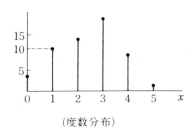

(度数分布)

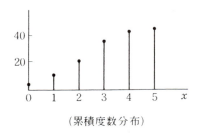

(累積度数分布)

(2) $\overline{X}=2.34$, $M_e=2.5$, $M_0=3$ (3) $V=1.625$, $R=5$, $s=1.275$

(4) $\alpha=-0.184$ $\beta=-0.732$

2. 最大値は 17 でモードは 15（6 回現われる）である．度数分布表は

区　　間	度　数	相対度数	累積相対度数
10……11	7	0.35	0.35
12……13	3	0.15	0.50
14……15	7	0.35	0.85
16……17	3	0.15	1.00

3. 区間の幅は最小測定単位の整数倍になるようにとる．また，境界値が重複しないように工夫しなければならない．　(1) 10, 19, 20…29 (2) 50, 13, 100…149 (3) 5, 13, 50…54

4. $\overline{X}=\Sigma x_i/m$, $\overline{Y}=\Sigma y_j/n$ より $m+n$ 個のサンプルの平均 $\overline{Z}$ は $\overline{Z}=\{\Sigma x_i+\Sigma y_i\}/(m+n)=(m\overline{X}+n\overline{Y})/N$

分散は $(m-1)V_x=\Sigma x_i^2-m\overline{X}^2$, $(n-1)V_y=\Sigma y_j^2-n\overline{Y}^2$ より，$V=\{\Sigma(x_i-\overline{Z})^2+\Sigma(y_j-\overline{Z})^2\}/(m+n-1)=\{\Sigma x_i^2-m\overline{Z}^2+\Sigma y_j^2-n\overline{Z}^2\}/(N-1)=\{(m-1)V_x+(n-1)V_y+m\overline{X}^2+n\overline{Y}^2-(m+n)\overline{Z}^2\}/(N-1)$．ここで，$\overline{Z}^2=(m\overline{X}+n\overline{Y})^2/N^2$ を代入すれば結果を得る．

5. n 個のデータ $x_1, x_2, \cdots, x_n$ の平均 $\overline{X}$ の周りの i 次のモーメント m_i は $\Sigma(x_k-\overline{X})^i/n$ で与えられる．$x_k=k$ とすれば $m_1=0$, $m_2=(n+1)(n-1)/12$, $m_3=0$, $m_4=(n-1)(n+1)(3n^2-7)/240$ となる．ただし，$\Sigma k=n(n+1)/2$, $\Sigma k^2=n(2n+1)(n+1)/6$, $\Sigma k^3=\{n(n+1)/2\}^2$ のような関係を利用する．

練習問題　3

1. 2 つのサイコロを投げたとき起こりうる結果は次のように 36 通りである．

(1, 1)(1, 2)(1, 3)…(6, 4)(6, 5)(6, 6)

どの結果も同程度に起こると考えられるから
(1) $\Omega = \{0, 1, 2, 3, 4, 5\}$ (2) 上の結果から $\Pr(X=0)=6/36$, $\Pr(X=1)=10/36$, $\Pr(X=2)=8/36$, $\Pr(X=3)=6/36$, $\Pr(X=4)=4/36$, $\Pr(X=5)=2/36$
より, $\{P\}$ のグラフは次のようになる.

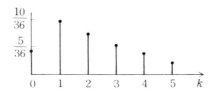

2. A, B が当たりくじを引くという事象をそれぞれ X, Y で表わすと
 (1) 起こりうる場合の総数は n^2 通り, $X \cap Y$ が起こる場合の数は r^2 通りであるから $\Pr(X \cap Y) = r^2/n^2$ である.
 (2) $Y = (X \cap Y) + (X^c \cap Y)$ より
 $\Pr(Y) = \Pr(X \cap Y) + \Pr(X^c \cap Y)$
 $= \Pr(X)\Pr(Y|X) + \Pr(X^c)\Pr(Y|X^c)$
 $= \dfrac{r}{n}\dfrac{r-1}{n-1} + \dfrac{n-r}{n}\dfrac{r}{n-1} = \dfrac{r}{n}$

3. 1000 件の犯罪のうち 700 件は夜間に起こり, そのうち 280 件は窃盗犯である. 一方, 残りの 300 件は昼間に起こり, そのうちの 60 件は窃盗犯である. 従って, $280+60=340$ 件が窃盗犯であるから, 求める確率 $=340/1000=0.34$ となる.

4. (1) $\Pr(夫と妻) = \Pr(妻)\Pr(夫|妻) = 0.1 \times 0.3 = 0.03$
 (2) $\Pr(夫または妻) = \Pr(夫) + \Pr(妻) - \Pr(夫および妻)$
 $= 0.2 + 0.1 - 0.03 = 0.27$
 (3) $\Pr(夫も妻も行かない) = 1 - \Pr(夫または妻) = 1 - 0.27 = 0.73$

5. $A = (P \cap Q^c) \cap (Q \cap P^c)$, $B = (Q \cap R^c) \cup (R \cap Q)^c$ であるから, $A \cap B = (P \cap R \cap Q^c) \cup (Q \cap P^c \cap R^c)$, 従って, $\Pr(A|B) = \Pr(A \cap B)/\Pr(B) = \{pr(1-q) + q(1-p)(1-r)\}/\{q(1-r) + r(1-q)\} = \{q(1-r) + p(r-q)\}/\{r+q-2rq\}$

6. f_n を求める確率とする. $(n-1)$ 回目の試行の結果は S か F のいずれかであるから, $f_n = p_1 f_{n-1} + p_0(1-f_{n-1})$, $(n>1)$, $f_1 = p$, これは 1 階の差分方程式と呼ばれるもので, その解は
$f_n = p_0 + (p_1 - p_0)f_{n-1} = p_0 + p_0(p_1 - p_0) + (p_1 - p_0)^2 f_{n-2} = \cdots = \{p_0[1-(p_1-

$p_0)^{n-1}$]$/(1-p_1+p_0)$} $+p\,(p_1-p_0)^{n-1}$ となる.

7. x, y で Y 君と M 子さんの到着時刻を表わそう. 正午を原点とし, 分単位で座標軸を取る. 2 人が会えるのは $x-10 \leqq y \leqq x+10$ のときであるから, 求める確率は図の全面積と斜線部の面積の比を取ればよい.

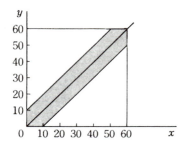

確率$=(3600-2\times1250)/3600=11/36$ となる.

練習問題 4

1. $n=4$, $P=1/6$ の二項分布を考えればよい.
   (1) $P_0=(5/6)^4 \doteq 0.482$ (2) $P_1=4\times(1/6)(5/6)^3 \doteq 0.386$
   (3) $1-(4/6)^4-2/3(5/6)^3 \doteq 0.132$
2. $E\{(X+2X)/(X+1)\}=\Sigma\{(x+2)/(x+1)\}P(x) \doteq 3.01$
3. $\mathrm{Var}(X)=nP(1-P)$ より, $dV/dP=n-2nP=0$ を満足する P は $P=1/2$. そして, $d^2V/dP^2=-2n<0$ より $P=1/2$ で分散が最大になる.
4. $\Pr(X=x\mid X+Y=k) = \dfrac{\Pr(X=x)\Pr(X+Y=k\mid X=x)}{\Pr(X+Y=k)}$

   $X+Y$ はパラメータ $\lambda_1+\lambda_2$ のポアソン分布に従う確率変数であり, $X=x$ ならば $Y=k-x$ のときに $X+Y=k$ となる. 従って, 求める確率は ${}_kC_x P^x Q^{k-x}$, ただし, $P=\lambda_1/(\lambda_1+\lambda_2)$, $Q=\lambda_2/(\lambda_1+\lambda_2)$ となる. 換言すれば, $X+Y$ が与えられたとき X の条件付き分布は二項分布である.
5. 5 人の子供のうち男子の数を X とする. $E(X)=nP$, $n=5$, $E(X)=2.521$ (サンプルの平均) とすれば, $P=0.5042$ となる. 従って, あてはめた二項分布は $\Pr(X=k)={}_5C_k(0.5042)^k(0.4958)^{5-k}$ となる.
6. A, B 各病院で陽性反応を示した人の数を X_1, X_2 とする. X_1, X_2 は二項分布に従うから, $\Pr(X_1=r)={}_{n1}C_r P^r q^{n_1-r}$, $\Pr(X_2=r)={}_{n2}C_r p^r q^{n_2-r}$ および, $\Pr(X_1+X_2=k)={}_{n1+n2}C_k p^k q^{n_1+n_2-k}$ と書ける. 従って,

$$\Pr(X_1=r \mid X_1+X_2=k) = \frac{\Pr(X_1+X_2=k \mid X_1=r)\Pr(X_1=r)}{\Pr(X_1+X_2=k)}$$

$$= \frac{{}_{n_2}C_{k-r}\,p^{k-r}q^{n_2-k+r}\cdot {}_{n_1}C_r\,p^r q^{n_1-r}}{{}_{n_1+n_2}C_k\,p^k q^{n_1+n_2-k}} = \frac{{}_{n_2}C_{k-r}\cdot {}_{n_1}C_r}{{}_{n_1+n_2}C_k}$$

すなわち, X_1+X_2 が与えられたとき, X_1 の条件付き分布は超幾何分布である.

7. ある 20 才のホステスが 30 才までにやめる確率を P とすれば, $P=0.02$ であり, 100 人中 30 才までにやめる人数を X とすれば, X は二項分布に従うから $\Pr(X=x)={}_{100}C_x(0.02)^x(0.98)^{100-x}$ である. 少なくとも 4 人はやめる確率は $\Pr(X\geq 4)=P_4+\cdots+P_{100}=1-(P_0+P_1+P_2+P_3)$ となる. この場合, $n=100$, $P=0.02$ より $\lambda=nP=2.0<5$ であるからポアソン近似ができて $P_x\fallingdotseq e^{-2.0}(2.0)^x/x!$ と書ける. 従って, $\Pr(X\geq 4)=1-0.8571=0.1429$ となる.

練習問題 5

1. (1) 0.40　　(2) 0.025　　(3) -1.282　　(4) 4　　(5) 0.0228
   (6) 7.436

2. (1) $K_\varepsilon=1.25$ の時は $\varepsilon=0.1056$, $\varepsilon=0.10$ の時は $K_\varepsilon=1.282$
   (2) 図を参考にして $K_{\varepsilon_1}=(3-5)/2=-1$ より $\varepsilon_1=0.1587$
   $K_{\varepsilon_2}=(9-5)/2=2$ より $\varepsilon_2=0.0228$
   従って, $\Pr(3\leq x\leq 9)=1-\varepsilon_1-\varepsilon_2=0.8185$

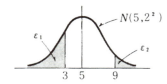

   (3) $z=(\overline{X}-\mu)/(\sigma/\sqrt{n})=(8-6)/4\sqrt{4}=1$
   $K_\varepsilon=1.0$ より $\varepsilon=0.1587$

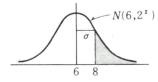 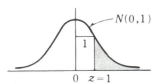

3. 飛行機の停止点は 2 つの正規分布の和の分布で与えられ, 滑走路端より $N(300$

$+1000, 50^2+100^2)$, すなわち, $N(1300, 111.8^2)$なる正規分布に従う. オーバーランの確率を 0.1% にする x は平均より $K\varepsilon\sigma$ の位置にあればよいので, $K\varepsilon = K_{0.001} = 3.090$, $\sigma = 111.8$ を代入すれば
$$1300 + K\varepsilon\sigma = 1300 + 3.090 \times 111.8 = 1645.4(m) となる.$$

4. 辞退しない割合を P とすれば, x 名が入学する確率は二項分布
$$P(x) = {}_nC_x P^x (1-P)^{n-x}$$
で表わされる. $n(1-p) > 5$ であるから二項分布の正規近似ができる. $P = 1 - 0.04 = 0.96$ として次の関係式を満たす n を求めればよい.
$$(1000 - nP)/\sqrt{nP(1-P)} = -2.326, すなわち,$$
$0.96n - 0.47\sqrt{n} - 1000 = 0$ より $\sqrt{n} = 32.52$, $n = 1058$ 人となる.

5. $Y = (\log_e X - 1)/2 \sim N(0, 1)$ であるから
$\Pr(0.5 < X < 2) = \Pr(\log 0.5 < 2Y + 1 < \log 2) = \Pr\{(\log 0.5 - 1)/2 < Y < (\log 2 - 1)/2\} \fallingdotseq 0.240$

練習問題 6

1. (1) $E[\sum(X_i - \mu)^2/n] = \sum E[(X_i - \mu)^2]/n = \sum \sigma^2/n = \sigma^2$
   (2) $E[\sum(X_i - \overline{X})^2] = E[\sum\{(X_i - \mu) + (\mu - \overline{X})\}^2]$
   $= E[(X_i - \mu)^2 - n(\overline{X} - \mu)^2] = \{n\sigma^2 - n\mathrm{Var}(\overline{X})\}$
   $= n\sigma^2 - n\sigma^2/n$ より $E[\sum(X_i - \overline{X})^2/(n-1)] = \sigma^2$

2. σ^2 の不偏推定量は不偏分散 $V = \sum(X_i - \overline{X})^2/(n-1)$ より
   (1) $\mathrm{Var}(\overline{X}) = E[(\overline{X} - E(\overline{X}))^2] = E[(\overline{X} - \mu)^2] = E(\overline{X}^2) - \mu^2 = \sigma^2/n$ より $E(\overline{X}^2) = \mu^2 + \sigma^2/n$
   (2) $A = \pi\mu^2 = \pi\{E(\overline{X}^2) - \sigma^2/n\}$, $E(V) = \sigma^2$ より A の不偏推定量として $\pi[\overline{X}^2 - \sum(X_i - \overline{X})^2/n(n-1)]$ を取ればよい.

3. (1) サンプリングの結果, 例えば, 4, 4;0, 0;0, 16;0, 4;0, 8;16, 0;16, 16;4, 0;16, 4;8, 0;16, 8;4, 8;4, 16;8, 8;8, 16;8, 4 が得られたとすれば, サンプルの平均 $\overline{X} = 4, 0, 8, 2, 4, 8, 16, 2, 10, 4, 12, 6, 10, 8, 12, 6$ となる.
   (2) $\Sigma\overline{X} = 112$, $\Sigma\overline{X}^2 = 1064$ より, サンプルの分布の平均 $112/16 = 7.0$ $\sigma_{\overline{X}} = \sqrt{(1064 - 112^2/16)/16} = 4.18$
   (3) $\mu = 28/4 = 7.0$ $\sigma = \sqrt{(3.36 - 28^2/4)/4} = 5.92$ であるから, サンプルの分布の平均 $= \mu = 7.0$, $\sigma/\sqrt{n} = 5.92/\sqrt{2} = 4.18 = \sigma_{\overline{X}}$

4. $\Pr(\overline{X} - 1.96/\sqrt{5} \leq \mu \leq \overline{X} + 1.96/\sqrt{5}) = 0.95$ であるから図のようになる.

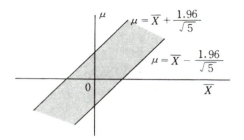

5. $\mu=82$, $\sigma=8$, $n=36$, $\sigma_{\bar{X}}=8/\sqrt{36}=1.33$, $z=(\bar{X}-\mu)/\sigma_{\bar{X}}=(\bar{X}-82)/\sigma_{\bar{X}}=(\bar{X}-82)/1.33$ であるから, $\Pr(80.7<\bar{X}<83.6)=\Pr(-0.98<z<1.20)=0.337+0.385=0.72$

6. 全有権者の保守政党の支持率（母比率）を P とする. $\alpha=0.05$, $p=750/1800=0.4167$, $K_{0.025}=1.96$ であり, (6.9)式を用いると
$$\sigma_p=\sqrt{p(1-p)/n}=\sqrt{0.4167\times0.5833/1800}=0.0116$$
$0.4167-1.96\times0.0116\leq P\leq0.4167+1.96\times0.0116$, すなわち
$$0.39\leq P\leq 0.44$$

練習問題 7

1. 帰無仮説 H_0: $\mu=25$ で, サンプルの平均 $\bar{X}$ は $\bar{X}=25.4$, $\sigma/\sqrt{n}=6/\sqrt{9}=2$ より, $z_0=(\bar{X}-\mu)/(\sigma/\sqrt{n})=(25.4-25.0)/2=0.2$ である. ところが, 両側5％の正規分布の値は 1.96 であるから $|z_0|<1.96$ がなりたつ. すなわち, H_0 を棄却できない.

2. 帰無仮説 H_0: $\mu=3200$ はメーカーの主張が正しいことを意味し, 対立仮説 H_1: $\mu<3200$ はメーカーの主張が間違っていることを表わしている. 仮説 H_0 のもとでは $\bar{X}=(x_1+x_2+\cdots+x_{36})/36$ は正規分布 $N(3200, 8^2)$ に従う. だから, $z=(\bar{X}-3200)/8$ は $N(0,1)$ に従う. $z_0=(3185-3200)/8=-1.88$ より, 下側1％点と比較して, $z_0>-K_{0.01}=-2.326$ だから, 仮説 H_0 は棄却できない. また, $\alpha=5$％なら $z_0<-K_{0.05}=-1.645$ だから, 仮説 H_0 は棄却され, メーカーの主張は退けられる.

3. $\Pr(|\bar{X}-\mu|\geq k\sigma)\leq 0.05$ を満足するような n を求めればよいが, $\Pr(|\bar{X}-\mu|/(\sigma/\sqrt{n})\geq 1.96)=0.05$ より $k\sigma\geq 1.96\sigma/\sqrt{n}$ すなわち, $n\geq(1.96/k)^2$ となる. 従って, 例えば, $k=1$ なら $n=4$, $k=1/2$ なら $n=6$ などとなる.

4. $X=$ 東南アジア,$Y=$ アメリカとすればだ $\overline{X}=74.4$,$\overline{Y}=83.4$,$n_X=337$,$n_Y=305$,$s_X=17.2$,$s_Y=16.2$ であり,

$H_0: \mu_X=\mu_Y$,$H_1: \mu_X \neq \mu_Y$ ($\alpha=0.01$,両側検定)

と表わせる.$\alpha=0.01$ に対する z の臨界値は $z=\pm 2.58$ である.そして,

$$\sigma_{(\overline{X}-\overline{Y})}=\sqrt{\frac{(17.2)^2}{337}+\frac{(16.2)^2}{305}}=1.32$$

より,$|z_0|=|\{(74.4-83.4)-0\}/1.32|=6.82>2.58$ であるから H_0 を棄却でき,有意な差がある.

5. μ を N 高校の生徒のセンター試験の(母)平均点とする.

$H_0: \mu=750$,$H_1: \mu>750$ より,$\sigma_X=72/\sqrt{81}$,片側検定で $\alpha=0.05$ に対する z は $z=1.64$ である.$z_0=762-750/8=1.5<1.64$ であるから,H_0 は棄却できない.すなわち,K 大学の入学者の平均点よりも高いとはいえない.

(2) $\alpha=0.05$ とすれば,$H_0: \mu=750$ は $z_0<1.64$ ならば採択されるから,$\overline{X}<763.1$ となる.

1) $\beta=\Pr(\overline{X}<763.1 | \mu=780)=\Pr(z<-2.11)=0.017$
2) $\beta=\Pr(\overline{X}<763.1 | \mu=770)=\Pr(z<-0.86)=0.195$
3) $\beta=\Pr(\overline{X}<763.1 | \mu=760)=\Pr(z<0.39)=0.652$
4) $\beta=\Pr(\overline{X}<763.1 | \mu=750)=\Pr(z<1.64)=0.95$
5) $\beta=\Pr(\overline{X}<763.1 | \mu=740)=\Pr(z<2.89)=1.00$

(3)
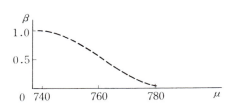

練習問題 8

1. (1) $\phi=16$,$\Pr(t>2.58)=0.01$,$\Pr(t<2.58)=0.99$
   (2) 2.567(t 分布表の両側 2% の所をみること)
   (3) 1) -2.353　2) 0.0　3) 0.10　4) 0.05　5) 1.316

2. $X=255{,}000$,$s=60{,}000$,$n=9$,$\phi=8$ より,$t=2.31$ であるから $\mu=255{,}000\pm 2.31\times(60{,}000/\sqrt{9})=301{,}200$ と $208{,}800$,すなわち,95% 信頼区間は

$208{,}800 \leq \mu \leq 301{,}200$ である.

3. 工程の変更後の不純物の含有量が平均 μ の正規分布であるとし, 工程の変更によって含有量が変化していないことを表わす帰無仮説 H_0 を立てる.

　　　$H_0: \mu = 20.5$　　　$H_1: \mu \neq 20.5$　　　（$\alpha = 0.05$, 両側検定）

仮説 H_0 のもとでは

　　　$|t_0| = |(\overline{X} - 20.5)/(s/\sqrt{n})|$ は自由度 $\phi = n - 1 = 15$ の t 分布に従う. $\overline{X} = 20.0$, $s = 1.75$, $n = 16$ より $|t_0| = 1.143 < t(15, 0.05) = 2.131$ であるから帰無仮説 H_0 を棄却できない. すなわち, 工程の変更によって不純物の含有量が変化したとはいえない.

4. $d =$ (10月の体重) $-$ (4月の体重) とするとき, $H_0: \mu_d = 0$, $H_1: \mu_d > 0$ である. d は 2, 0, -2, 3, 2, -2, 6, -2, 2, 5, 1, 3 で, 平均は $\overline{d} = 18/12 = 1.5$ となる. 従って, $s_d = \sqrt{(99 - 18^2/12)/11} = 2.53$, $\phi = 11$ より, t の臨界値は 1.80 である. そして, $t_0 = (1.5 - 0)/(2.53/\sqrt{12}) = 1.96 > 1.80$ が成り立つから, H_0 は棄却される. すなわち, 体重が増加したといえる.

練習問題　9

1. $H_0: \sigma^2 = 1$, $H_1: \sigma^2 \neq 1$　（両側検定, $\alpha = 0.05$）で, $\overline{X} = 0.59$ である. $\chi_0^2 = \sum_{i=1}^{5} (X_i - \overline{X})^2/\sigma^2$ は自由度 4 の χ^2 分布に従うから, $\sigma^2 = 1$ とおいて χ_0^2 を計算すれば $\chi_0^2 = 0.1774$ である. そして, 自由度 4 の χ^2 分布の 97.5%点と 2.5%点はそれぞれ 0.484 と 11.143 であるから, $\chi_0^2 = 0.1774 < 0.484$ より仮説 H_0 は棄却される.

2. (1) $1/2$　(2) 250 回　(3) （表, 表）, （裏, 裏）は 500 回のうちそれぞれ $500 \times (1/4) = 125$ 回生じると期待できる. 従って, $\chi_0^2 = (140 - 125)^2/125 + (255 - 250)^2/250 + (105 - 125)^2/125 = 1.8 + 0.1 + 3.2 = 5.1 < \chi^2(2, 0.05) = 5.99$ が成り立つから H_0 を棄却できない.

3. (1) $H_0: \sigma^2 = \sigma_0^2 = 0.2^2 = 0.04$　　$H_1: \sigma^2 < \sigma_0^2 = 0.04$　　$\chi_0^2 = S/\sigma_0^2 = (n-1)/\sigma_0^2 = (29 \times 0.084)/0.04 = 60.9 > \chi^2(29, 0.95) = 17.71$ が成り立つから, 帰無仮説 H_0 を棄却できない. すなわち, この日製造された 100 円硬貨の直径のバラツキは基準値以下とはいえない.

   (2) $S = (n-1)V = 29 \times 0.084 = 2.436$, $\chi^2(29, 0.025) = 45.7$, $\chi^2(29, 0.075) = 16.05$ より, 95% 信頼区間は

   　　　$2.436/45.7 \leq \sigma^2 \leq 2.436/16.05$, すなわち

   　　　　　　$0.053 \leq \sigma^2 \leq 0.152$

4. 2×2 の分割表である.$\chi_0^2=\{(1160\times15-485\times25)^2\times1200\}/1160\times40\times700\times500$ $=2.06$ であり,一方,自由度 $(2-1)(2-1)=1$ の χ^2 分布の 5% 点は $\chi^2(1,0.05)$ $=3.84$ より $\chi_0^2<\chi^2(1,0.05)$,すなわち,予防注射の効果があったとは断定できない.なお,χ_0^2 の計算をより厳密に行なうためには整数値から連続量への近似に伴う Yate の修正を次のように施せばよい.
$\chi_0^2=\{(1160\times15-485\times25\pm1200/2)^2\times1200\}/1160\times40\times700\times500=1.62$ この場合にも上と同様な結論がえられる.

練習問題 10

1. $H_0: \sigma_A{}^2=\sigma_B{}^2 \qquad H_1: \sigma_A{}^2\neq\sigma_B{}^2 \qquad$ (両側検定,$\alpha=0.025$)
　　$V_A>V_B$ より $F_0=V_A/V_B=(5.0)^2/(2.5)^2=4.0$
　　$F_7^{16}(0.025)=4.55>F_0$ であるから H_0 を棄却できない.

2. 与えられたデータのままで計算してもよいが,各データから 60 を引くと

	A_1	A_2	A_3	A_4	
	6	-7	1	-6	
	5	-13	6	-10	
	6	4	8	-12	
	7			-1	
合　計	24	-16	15	-29	総計$=-6$

となるから,この表を利用した方が簡単である.

　まず,修正項 (CT) を $CT=(-6)^2/14=2.6$ のように計算し,CT を用いて必要な量を計算すればよい.
$S_T=(6)^2+(5)^2+\cdots+(-1)^2-CT=762-2.6=759.4$
$S_A=(24)^2/4+(16)^2/3+(15)^2/3+(-29)^2/4-CT=512.0, \qquad S_e=S_T-S_A$
$=247.4$ となる.また,各自由度は
$\phi_T=4+3+3+4-1=13, \qquad \phi_A=4-1=3, \quad \phi_e=\phi_T-\phi_A=10$ であるから,分散分析表は次のようになる.

要　因	平方和	自由度 ϕ	不偏分散 V	分散度 F
水　準 A	512.0	3	170.7	6.91**
残　差 e	247.4	10	24.7	$\left(F_{10}^3(0.01)\right.$
合　計 T	759.4	13		$\left.=6.55\right)$

(2) $t(\phi_e, 0.05)\sqrt{Ve/n_i} = 2.228\sqrt{24.7/n_i}$ で
$\overline{X_1.} = 66.0, \overline{X_2.} = 54.7, \overline{X_3.} = 65.0, \overline{X_4.} = 52.6$
より，各水準の信頼限界は次のようになる．

$A_1 ; 66.0 \pm 2.228 \times \sqrt{24.7/4} = 71.5$ と 60.5
$A_2 ; 54.7 \pm 2.228 \times \sqrt{24.7/3} = 61.7$ と 48.3
$A_3 ; 65.0 \pm 2.228 \times \sqrt{24.7/3} = 71.4$ と 58.6
$A_4 ; 52.6 \pm 2.228 \times \sqrt{24.7/4} = 58.3$ と 47.2

3. 2つの母平均の差の検定問題であるから，背景となる2つの母集団の分散が等しいか否かによって検定に使う公式が異なる点に注意のこと．そのために，以下のような順序で2段階にわたって検定すればよい．

(1) $H_0 : \sigma_A^2 = \sigma_B^2 \quad H_1 : \sigma_A^2 \neq \sigma_B^2 \quad$ (両側検定，$\alpha = 0.05$)

$V_B > V_A$ であるから $F_0 = V_B/V_A = 36/25 = 1.44$

$F_{n_A-1}^{n_B-1}(\alpha/2) = F_{24}^{19}(0.025) > F_{24}^{20}(0.025) = 2.33 > F_0$ であるから，両方の分散が異なるとはいえない．そこで，等分散とみなして平均値の差の検定を t 検定により行なう．

$H_0 : \mu_A = \mu_B \quad H_1 : \mu_A \neq \mu_B \quad$ (両側検定，$\alpha = 0.05$)

偏差平方和 S と不偏分散 V との間には $S_A = (n_A - 1)V_A, S_B = (n_B - 1)V_B$ なる関係があるから，

$$|t_0| = \frac{|\overline{X}_A - \overline{X}_B|}{\sqrt{\dfrac{S_A + S_B}{n_A + n_B - 2}\left(\dfrac{1}{n_A} + \dfrac{1}{n_B}\right)}} = \frac{|79.0 - 75.0|}{\sqrt{\dfrac{24 \cdot 25 + 19 \cdot 36}{25 + 20 - 2}\left(\dfrac{1}{25} + \dfrac{1}{20}\right)}}$$

$= 4/1.639 = 2.44$ となる．ところが，$t(n_A + n_B - 2, \alpha) = t(43, 0.05)$ は t 分布表にないけれども小さい方を採用して $t_0 = 2.44 > t(40, 0.05) = 2.021 > t(43, 0.05)$ となり，有意差がある．すなわち，都会の女子大生と地方の女子大生のバストの大きさに差があるといえる．

(2) 信頼区間の限界は $\overline{X}_A - \overline{X}_B \pm t(n_A + n_B - 2, \alpha)\sqrt{V(1/n_A + 1/n_B)} = 4.0 \pm t(43, 0.05) \times 1.639$ で与えられる．ここで $t(43, 0.05)$ は t 分布表にないから，$t(40, 0.05) = 2.021$ を用いて $4.0 \pm 2.021 \times 1.639 = 0.68$ と 7.42 となる．ただし，この場合は信頼度は 95% よりも少し大きくなる．より厳密には補間を行なえばよい．すなわち，$t(43, 0.05) = 2.021, t(60, 0.05) = 2.000$ より

$$t(43, 0.05) = t(60, 0.05) + \frac{\dfrac{120}{43} - \dfrac{120}{60}}{\dfrac{120}{40} - \dfrac{120}{60}}\{t(40, 0.05) - t(60, 0.05)\}$$

$= 2.000 + 0.791 \times 0.021 = 2.017$ を利用して 0.695 と 7.310 をえる.

4. (1) 等分散の検定 $H_0: \sigma_A^2 = \sigma_B^2$　　$H_1: \sigma_A^2 \neq \sigma_B^2$　　$(\alpha = 0.05)$

   $V_B > V_A$ であるから $F_0 = V_B/V_A = 1600/400 = 4.00 > F_{17}^{20}(0.025) = 2.62 > F_{17}^{21}(0.025)$ が成り立つから, H_0 は棄却される. すなわち, 分散が異なる.

   (2) 母平均の差の検定(Welch の検定)　上述の結果から 2 つの母分散が異なるから, 次のような Welch の検定を適用しなければならない.

   $H_0: \mu_A = \mu_B$　　$H_1: \mu_A \neq \mu_B$　　$(\alpha = 0.05)$

   $|t_0| = |738 - 679|/\sqrt{(400/18 + 1600/22)} = 59/\sqrt{94.95} = 6.05$, このとき, t 分布の自由度 ϕ は次式で定められる.

   $1/\phi = (c^2/\phi_A) + ((1-c)^2/\phi_B)$, ただし, $c = (V_A/n_A)/\{V_A/n_A + V_B/n_B\}$ この式に上の数値を代入すれば,

   $c = (400/18)/\{(400/18) + (1600/22)\} = 11/47 = 0.234$

   $1/\phi = (0.234)^2/17 + (1-0.234)^2/21 = 0.0312$ より

   $\phi = 32.1$ である. 従って, $t_0 = 6.05 > t(30, 0.05) = 2.042 > t(32.1, 0.05)$ なる関係が成立するから, A 高校と B 高校の母平均の間に違いがあるといえる.

練習問題　11

1. $H_0: \rho = 0$,　　$H_1: \rho \neq 0$　　(両側検定, $\alpha = 0.01$)

   $n = 62$ より $|t_0| = \sqrt{n-2}\{|r|/\sqrt{1-r^2}\} = \sqrt{62-2}\{0.72/\sqrt{1-(-0.72)^2}\} = 8.04$ は自由度 60 の t 分布に従う. $t(60, 0.01) = 2.660 < t_0$ より, H_0 は棄却され, $\rho = 0$ とはいえない.

2. $H_0: \rho = 0$ なら $t_0 = r\sqrt{n-2}/\sqrt{1-r^2}$ は自由度 $n-2$ の t 分布に従うから, 有意水準 5%の棄却域は

   $$|r| \geq \delta/\sqrt{\delta^2 + n - 2} = r^*$$

   で与えられる. ただし, δ は自由度 $n-2$ の t 分布の 5%点を表わす.

n	5	10	24	50	100
σ	3.182	2.306	2.101	2.00	1.98
r^*	0.83	0.63	0.44	0.28	0.17

3. サンプルの大きさが 228 であるから z 変換をすれば z は正規分布 $N(\xi, 1/(n-3))$ に従っているとみなしてもよい. ただし, $\xi = (1/2)\log(1+\rho)/(1-\rho)$ である. だから,

$$\Pr(\sqrt{n-3}\,|z-\zeta| \leq K_{0.005}) = 0.99$$

と書けるから，$K_{0.005}=2.58$ と $r=0.68$ を z 変換した結果 $z=0.83$ を代入すれば，$|0.83-\zeta| \leq 2.58(1/15)=0.172$，従って，$0.66 \leq \zeta \leq 1.00$ が得られる．ζ を逆 z 変換すれば，$0.58 \leq \rho \leq 0.76$ となる．

4. $S_R = S_{xy}{}^2/S_x = 1496.6$，$S_e = S_y - S_R = 266.3$ より次の分散分析表を得る．ただし，$F_8^1(0.05)=5.32$，$F_8^1(0.01)=11.3$ である．

要　　因	平方和	自由度	不偏分散	分　散　比
回帰による R	1496.6	1	1496.6	44.9**
残　　差 e	266.3	8	33.3	
合　計 T	1762.9	9		

従って，有意水準 1% で有意であり，バスの使用年数と維持費の間には直線関係があるといえる．次に，回帰直線を推定しよう．
$\hat{\beta}=S_{xy}/S_x=13.76$，$\overline{X}=3.04$，$\overline{Y}=88.1$ より
$$\hat{Y}=88.1+13.76(X-3.04)=46.3+13.76X$$
となる．

5. (1) $H_0: \beta=0$，$H_1: \beta \neq 0$ （両側検定，$\alpha=0.01$）
$\hat{\sigma}^2=\{S_y-S_{xy}{}^2/S_x\}/(n-2)=\{185.23-(-182)^2/182\}/11=0.294$，$\hat{\beta}=S_{xy}/S_x=-1.00$ より，$|t_0|=|\hat{\beta}-0|/\sqrt{\hat{\sigma}^2/S_x}=1/\sqrt{0.294/182}=24.89>t(11,0.01)=3.106$ が成り立つから，回帰関係が存在するといえる．なお，分散分析表より

要　　因	平方和	自由度	不偏分散	分　散　比 F_0
回帰による R	182	1	182	619.67**
残　　差 e	3.23	11	0.294	
合　計 T	185.23	12		

を用いて回帰分析を行なってもよい．このとき，上の $t_0^2=F_0$ が成り立っている．

(2) $\hat{\alpha}=\overline{Y}-\hat{\beta}\overline{X}=20/13-0=1.54$ より $\hat{Y}=1.54-1.00X$

(3) $\hat{Y}(2.5)=1.54-1.00 \times 2.5=-0.96$，$\hat{V}(\hat{Y}(x_0))=\{1/n+(x_0-\overline{X})^2/S_x\} \cdot \hat{\sigma}^2 = \{1/13+2.5^2/182\} \times 2.94=0.0327$

そして，$t(11, 0.05)=2.201$ より

$$-0.96-2.201\sqrt{0.0327} \leq \hat{Y}(2.5) \leq -0.96+2.201\sqrt{0.0327}$$

すなわち，　　　　　$-1.359 \leq \hat{Y}(2.5) \leq -0.564$

練習問題　12

1. (1)　AとBの順位の差 d_i と d_i^2 を求めると，

	(1)	(2)	(3)	(4)	(5)	(6)	(7)	(8)	(9)	(10)
d_i	1	−1	2	2	−2	2	1	−1	−3	−1
d_i^2	1	1	4	4	4	4	1	1	9	1

Spearman の順位相関係数 r_s は
$$r_s = 1-\{6\Sigma d_i^2/(n^3-n)\} = 1-\{6\times 30/(10^3-10)\} = 0.818$$
より，無相関の検定を行なえば，
$$t_0 = r_s\sqrt{(n-2)/(1-r_A^2)} = 0.818\times\sqrt{(10-2)/1-0.818^2} = 4.022 > t(8, 0.05) = 2.306$$
であるから 5%有意である．

(2)　A の順位を自然の順にならべかえ，正順と逆順の数を調べると次の表が得られる．

A の順位	1	2	3	4	5	6	7	8	9	10
B の順位	2	1	4	5	3	8	10	6	7	9
正　　順	8	8	6	5	5	2	0	2	1	0
逆　　順	1	0	1	1	0	2	3	0	0	0
差	7	8	5	4	5	0	−3	2	1	0

$$S = 7+8+5+4+5-3+2+1 = 29$$

より，Kendall の順位相関係数 r_k は
$$r_k = 2S/n(n-1) = 2\times 29/10\times 9 = 0.644$$
である．無相関の検定は $z_0 = S/\sqrt{n(n-1)(2n+5)/18} = 29/\sqrt{10\times 9\times 25/18} = 29/\sqrt{125} = 2.594 > 1.96 = K_{0.025}$ （両側 5%）であるから，5%有意である．

2.　Wilcoxon の順位和検定を用いることにし，A の順位和 W_N を求めると
$$W_N = 1+2+4+5+7+10+13 = 42$$

B の順位和は $(7+7)(7+7+1)/2 - W_N = 63$

そこで，W_N を $m=n=7$ の順位和検定の下限値（36）と比較して，$W_N = 42 > 36$ であるから，有意差はない．すなわち，A と B 両教習所に差があるとはいえな

い．

3．(1)　$H_0: \Pr(+) = \Pr(-) = 0.5$,　$H_1: \Pr(+) < 0.5$
　　　＋符号は3つで，$n=10$ より，有意である確率 $=0.001+0.010+0.044+0.117$
　　　$>0.01=\alpha$．従って，H_0 を棄却できない．すなわち，薬が体重減少に効果があるという十分に明白な根拠はない．
(2)　$H_0: \mu_d=0$,　$H_1: \mu_d<0$ として，t 検定を適用すれば H_0 を棄却できない．すなわち，t 検定と符号検定の結果は同じである．

4．$m=6$, $n=9$ であり，年数の少ないものから順に並べると

(1)	(2)	(3.5)	(5)	(6)	(7)	(8.5)
A	A	A A	B	B	B	A B

(10)	(11)	(12)	(13)	(14)	(15)
B	B	B	B	B	B

A の順位和 $W_N = 1+2+3.5+3.5+8.5+11 = 29.5$
B の順位和 $= (6+9)(6+9+1)/2 - W_N = 90.5$
$m=6$, $n=9$ に対する Wilcoxon の順位和検定の表から下限値は $31 < W_N$ より，帰無仮説を棄却できる．すなわち，2つのグループは異なっているといえる．

5．

		$r_s=0.20$		$r_s=0.40$		$r_s=0.60$	
n	t 値	t_0	判定	t_0	判定	t_0	判定
10	± 2.31	0.58	×	1.23	×	2.12	×
50	± 2.01	1.41	×	3.02	○	5.20	○
100	± 1.98	2.02	○	4.32	○	7.42	○

ただし，○は棄却，×は棄却できないことを表わす．

表1　二項分布表

$$\frac{n!}{X!(n-X)!}P^{x}(1-P)^{n-x}$$

n	X	.01	.05	.10	.20	.30	.40	P .50	.60	.70	.80	.90	.95	.99
2	0	.980	.902	.810	.640	.490	.360	.250	.160	.090	.040	.010	.002	
	1	.020	.095	.180	.320	.420	.480	.500	.480	.420	.320	.180	.095	.020
	2		.002	.010	.040	.090	.160	.250	.360	.490	.640	.810	.902	.980
3	0	.970	.857	.729	.512	.343	.216	.125	.064	.027	.008	.001		
	1	.029	.135	.243	.384	.441	.432	.375	.288	.189	.096	.027	.007	
	2		.007	.027	.096	.189	.288	.375	.432	.441	.384	.243	.135	.029
	3			.001	.008	.027	.064	.125	.216	.343	.512	.729	.857	.970
4	0	.961	.815	.656	.410	.240	.130	.063	.026	.008	.002			
	1	.039	.171	.292	.410	.412	.346	.250	.154	.076	.026	.004		
	2	.001	.014	.049	.154	.265	.346	.375	.346	.265	.154	.049	.014	.001
	3			.004	.026	.076	.154	.250	.346	.412	.410	.292	.171	.039
	4				.002	.008	.026	.063	.130	.240	.410	.656	.815	.961
5	0	.951	.774	.590	.328	.168	.078	.031	.010	.002				
	1	.048	.204	.328	.410	.360	.259	.156	.077	.028	.006			
	2	.001	.021	.073	.205	.309	.346	.312	.230	.132	.051	.008	.001	
	3		.001	.008	.051	.132	.230	.312	.346	.309	.205	.073	.021	.001
	4				.006	.028	.077	.156	.259	.360	.410	.328	.204	.048
	5					.002	.010	.031	.078	.168	.328	.590	.774	.951
6	0	.941	.735	.531	.262	.118	.047	.016	.004	.001				
	1	.057	.232	.354	.393	.303	.187	.094	.037	.010	.002			
	2	.001	.031	.098	.246	.324	.311	.234	.138	.060	.015	.001		
	3		.002	.015	.082	.185	.276	.312	.276	.185	.082	.015	.002	
	4			.001	.015	.060	.138	.234	.311	.324	.246	.098	.031	.001
	5				.002	.010	.037	.094	.187	.303	.393	.354	.232	.057
	6					.001	.004	.016	.047	.118	.262	.531	.735	.941
7	0	.932	.698	.478	.210	.082	.028	.008	.002					
	1	.066	.257	.372	.367	.247	.131	.055	.017	.004				
	2	.002	.041	.124	.275	.318	.261	.164	.077	.025	.004			
	3		.004	.023	.115	.227	.290	.273	.194	.097	.029	.003		
	4			.003	.029	.097	.194	.273	.290	.227	.115	.023	.004	
	5				.004	.025	.077	.164	.261	.318	.275	.124	.041	.002
	6					.004	.017	.055	.131	.247	.367	.372	.257	.066
	7						.002	.008	.028	.082	.210	.478	.698	.932
8	0	.923	.663	.430	.168	.058	.017	.004	.001					
	1	.075	.279	.383	.336	.198	.090	.031	.008	.001				
	2	.003	.051	.149	.294	.296	.209	.109	.041	.010	.001			
	3		.005	.033	.147	.254	.279	.219	.124	.047	.009			
	4			.005	.046	.136	.232	.273	.232	.136	.046	.005		
	5				.009	.047	.124	.219	.279	.254	.147	.033	.005	
	6				.001	.010	.041	.109	.209	.296	.294	.149	.051	.003
	7					.001	.008	.031	.090	.198	.336	.383	.279	.075
	8						.001	.004	.017	.058	.168	.430	.663	.923
9	0	.914	.630	.387	.134	.040	.010	.020						
	1	.083	.299	.387	.302	.156	.060	.018	.004					
	2	.003	.063	.172	.302	.267	.161	.070	.021	.004				
	3		.008	.045	.176	.267	.251	.164	.074	.021	.003			
	4		.001	.007	.066	.172	.251	.246	.167	.074	.017	.001		
	5			.001	.017	.074	.167	.246	.251	.172	.066	.007	.001	

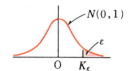

表2　正規分布表—1

$$K_\varepsilon \to \varepsilon = \Pr\{z \geq K_\varepsilon\} = \frac{1}{\sqrt{2\pi}} \int_{K_\varepsilon}^{\infty} e^{-\frac{x^2}{2}} dx \quad (K_\varepsilon から \varepsilon を求める表)$$

K_ε	*=0	1	2	3	4	5	6	7	8	9
0.0*	.5000	.4960	.4920	.4880	.4840	.4801	.4761	.4721	.4681	.4641
0.1*	.4602	.4562	.4522	.4483	.4443	.4404	.4364	.4325	.4286	.4247
0.2*	.4207	.4168	.4129	.4090	.4052	.4013	.3974	.3936	.3897	.3859
0.3*	.3821	.3783	.3745	.3707	.3669	.3632	.3594	.3557	.3520	.3483
0.4*	.3446	.3409	.3372	.3336	.3300	.3264	.3228	.3192	.3156	.3121
0.5*	.3085	.3050	.3015	.2981	.2946	.2912	.2877	.2843	.2810	.2776
0.6*	.2743	.2709	.2676	.2643	.2611	.2578	.2546	.2514	.2483	.2451
0.7*	.2420	.2389	.2358	.2327	.2296	.2266	.2236	.2206	.2177	.2148
0.8*	.2119	.2090	.2061	.2033	.2005	.1977	.1949	.1922	.1894	.1867
0.9*	.1841	.1814	.1788	.1762	.1736	.1711	.1685	.1660	.1635	.1611
1.0*	.1587	.1562	.1539	.1515	.1492	.1469	.1446	.1423	.1401	.1379
1.1*	.1357	.1335	.1314	.1292	.1271	.1251	.1230	.1210	.1190	.1170
1.2*	.1151	.1131	.1112	.1093	.1075	.1056	.1038	.1020	.1003	.0985
1.3*	.0968	.0951	.0934	.0918	.0901	.0885	.0869	.0853	.0838	.0823
1.4*	.0808	.0793	.0778	.0764	.0749	.0735	.0721	.0708	.0694	.0681
1.5*	.0668	.0655	.0643	.0630	.0618	.0606	.0594	.0582	.0571	.0559
1.6*	.0548	.0537	.0526	.0516	.0505	.0495	.0485	.0475	.0465	.0455
1.7*	.0446	.0436	.0427	.0418	.0409	.0401	.0392	.0384	.0375	.0367
1.8*	.0359	.0351	.0344	.0336	.0329	.0322	.0314	.0307	.0301	.0294
1.9*	.0287	.0231	.0274	.0268	.0262	.0256	.0250	.0244	.0239	.0233
2.0*	.0228	.0222	.0217	.0212	.0207	.0202	.0197	.0192	.0188	.0183
2.1*	.0179	.0174	.0170	.0166	.0162	.0158	.0154	.0150	.0146	.0413
2.2*	.0139	.0136	.0132	.0129	.0125	.0122	.0119	.0116	.0113	.0110
2.3*	.0107	.0104	.0102	.0099	.0096	.0094	.0091	.0089	.0087	.0084
2.4*	.0082	.0080	.0078	.0075	.0073	.0071	.0069	.0068	.0066	.0064
2.5*	.0062	.0060	.0059	.0057	.0055	.0054	.0052	.0051	.0049	.0048
2.6*	.0047	.0045	.0044	.0043	.0041	.0040	.0039	.0038	.0037	.0036
2.7*	.0035	.0034	.0033	.0032	.0031	.0030	.0029	.0028	.0027	.0026
2.8*	.0026	.0025	.0024	.0023	.0023	.0022	.0021	.0021	.0020	.0019
2.9*	.0019	.0018	.0018	.0017	.0016	.0016	.0015	.0015	.0014	.0014
3.0*	.0013	.0013	.0013	.0012	.0012	.0011	.0011	.0011	.0010	.0010

表3　正規分布表—2

$$\varepsilon \to K_\varepsilon \quad \frac{1}{\sqrt{2\pi}} \int_{K_\varepsilon}^{\infty} e^{-\frac{x^2}{2}} dx = \varepsilon \quad (\varepsilon から K_\varepsilon を求める表)$$

ε	*=0	1	2	3	4	5	6	7	8	9
0.00*	∞	3.090	2.878	2.748	2.652	2.576	2.512	2.457	2.409	2.366
0.0*	∞	2.326	2.054	1.881	1.751	1.645	1.555	1.476	1.405	1.341
0.1*	1.282	1.227	1.175	1.126	1.080	1.036	.994	.954	.915	.878
0.2*	.842	.806	.772	.739	.706	.674	.643	.613	.583	.553
0.3*	.524	.496	.468	.440	.412	.385	.358	.332	.305	.279
0.4*	.253	.228	.202	.176	.151	.126	.100	.075	.050	.025

表4　t 分布表　$\phi=$自由度

ϕ \ P	.9	.8	.7	.6	.5	.4	.3	.2	.1	.05	.01	.001
1	.158	.325	.510	.727	1.000	1.376	1.963	3.078	6.314	12.71	63.66	636.62
2	.142	.289	.445	.617	.816	1.061	1.386	1.886	2.920	4.303	9.925	31.598
3	.137	.277	.424	.584	.765	.978	1.250	1.638	2.353	3.182	5.841	12.924
4	.134	.271	.414	.569	.741	.941	1.190	1.533	2.132	2.776	4.604	8.610
5	.132	.267	.408	.559	.727	.920	1.156	1.476	2.015	2.571	4.032	6.869
6	.131	.265	.404	.553	.718	.906	1.134	1.440	1.943	2.447	3.707	5.959
7	.130	.263	.402	.549	.711	.896	1.119	1.415	1.895	2.365	3.499	5.408
8	.130	.262	.399	.546	.706	.889	1.108	1.397	1.860	2.306	3.355	5.041
9	.129	.261	.398	.543	.703	.883	1.100	1.383	1.833	2.262	3.250	4.781
10	.129	.260	.397	.542	.700	.879	1.093	1.372	1.812	2.228	3.169	4.587
11	.129	.260	.396	.540	.697	.876	1.088	1.363	1.796	2.201	3.106	4.437
12	.128	.259	.395	.539	.695	.873	1.083	1.356	1.782	2.179	3.055	4.318
13	.128	.259	.394	.538	.694	.870	1.079	1.350	1.771	2.160	3.012	4.221
14	.128	.258	.393	.537	.692	.868	1.076	1.345	1.761	2.145	2.977	4.140
15	.128	.258	.393	.536	.691	.866	1.074	1.341	1.753	2.131	2.947	4.073
16	.128	.258	.392	.535	.690	.865	1.071	1.337	1.746	2.120	2.921	4.015
17	.128	.257	.392	.534	.689	.863	1.069	1.333	1.740	2.110	2.898	3.965
18	.127	.257	.392	.534	.688	.862	1.067	1.330	1.734	2.101	2.878	3.922
19	.127	.257	.391	.533	.688	.861	1.066	1.328	1.729	2.093	2.861	3.883
20	.127	.257	.391	.533	.687	.860	1.064	1.325	1.725	2.086	2.845	3.850
21	.127	.257	.391	.532	.686	.859	1.063	1.323	1.721	2.080	2.831	3.819
22	.127	.256	.390	.532	.686	.858	1.061	1.321	1.717	2.074	2.819	3.792
23	.127	.256	.390	.532	.685	.858	1.060	1.319	1.714	2.069	2.807	3.767
24	.127	.256	.390	.531	.685	.857	1.059	1.318	1.711	2.064	2.797	3.745
25	.127	.256	.390	.531	.684	.856	1.058	1.316	1.708	2.060	2.787	3.725
26	.127	.256	.390	.531	.684	.856	1.058	1.315	1.706	2.056	2.779	3.707
27	.127	.256	.389	.531	.684	.855	1.057	1.314	1.703	2.052	2.771	3.690
28	.127	.256	.389	.530	.683	.855	1.056	1.313	1.701	2.048	2.763	3.674
29	.127	.256	.389	.530	.683	.854	1.055	1.311	1.699	2.045	2.756	3.659
30	.127	.256	.389	.530	.683	.854	1.055	1.310	1.697	2.042	2.750	3.646
40	.126	.255	.388	.529	.681	.851	1.050	1.303	1.684	2.021	2.704	3.551
60	.126	.254	.387	.527	.679	.848	1.046	1.296	1.671	2.000	2.660	3.460
120	.126	.254	.386	.526	.677	.845	1.041	1.289	1.658	1.980	2.617	3.373
∞	.126	.253	.385	.524	.674	.842	1.036	1.282	1.645	1.960	2.576	3.291

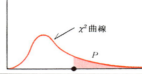

表5 χ^2 分布表（ϕ — 自由度）

ϕ \ P	$\alpha=.995$	$\alpha=.99$	$\alpha=.975$	$\alpha=.95$	$\alpha=.05$	$\alpha=.025$	$\alpha=.01$	$\alpha=.005$
1	.0000393	.000157	.000982	.00393	3.841	5.024	6.635	7.879
2	.0100	.0201	.0506	.103	5.991	7.378	9.210	10.597
3	.0717	.115	.216	.352	7.815	9.348	11.345	12.838
4	.207	.297	.484	.711	9.488	11.143	13.277	14.860
5	.412	.554	.831	1.145	11.070	12.832	15.086	16.750
6	.676	.872	1.237	1.635	12.592	14.449	16.812	18.548
7	.989	1.239	1.690	2.167	14.067	16.013	18.475	20.278
8	1.344	1.646	2.180	2.733	15.507	17.535	20.090	21.955
9	1.735	2.088	2.700	3.325	16.919	19.023	21.666	23.589
10	2.156	2.558	3.247	3.940	18.307	20.483	23.209	25.188
11	2.603	3.053	3.816	4.575	19.675	21.920	24.725	26.757
12	3.074	3.571	4.404	5.226	21.026	23.337	26.217	28.300
13	3.565	4.107	5.009	5.892	22.362	24.736	27.688	29.819
14	4.075	4.660	5.629	6.571	23.685	26.119	29.141	31.319
15	4.601	5.229	6.262	7.261	24.996	27.488	30.578	32.801
16	5.142	5.812	6.908	7.962	26.296	28.845	32.000	34.267
17	5.697	6.408	7.564	8.672	27.587	30.191	33.409	35.718
18	6.265	7.015	8.231	9.390	28.869	31.526	34.805	37.156
19	6.844	7.633	8.907	10.117	30.144	32.852	36.191	38.582
20	7.434	8.260	9.591	10.851	31.410	24.170	37.566	39.997
21	8.034	8.897	10.283	11.591	32.671	35.479	38.932	41.401
22	8.643	9.542	10.982	12.338	33.924	36.781	40.289	42.796
23	9.260	10.196	11.689	13.091	35.172	28.076	41.638	44.181
24	9.886	10.856	12.401	13.848	36.415	39.364	42.980	45.558
25	10.520	11.524	13.120	14.611	37.652	40.646	44.314	46.928
26	11.160	12.198	13.844	15.379	38.885	41.923	45.642	48.290
27	11.808	12.879	14.573	16.151	40.113	43.194	46.963	49.645
28	12.461	13.565	15.308	16.928	41.337	44.461	48.278	50.993
29	13.121	14.256	16.047	17.708	42.557	45.722	49.588	52.336
30	13.787	14.953	16.791	18.493	43.773	46.979	50.892	53.672

表6の1　F分布の表（5％点）

ϕ_1 \ ϕ_2	1	2	3	4	5	6	7	8	9	10	12	15	20	24	30	40	60	120	∞
1	161	200	216	225	230	234	237	239	241	242	244	246	248	249	250	251	252	253	254
2	18.5	19.0	19.2	19.2	19.3	19.3	19.4	19.4	19.4	19.4	19.4	19.4	19.4	19.5	19.5	19.5	19.5	19.5	19.5
3	10.1	9.55	9.28	9.12	9.01	8.94	8.89	8.85	8.81	8.79	8.74	8.70	8.66	8.64	8.62	8.59	8.57	8.55	8.53
4	7.71	6.94	6.59	6.39	6.26	6.16	6.09	6.04	6.00	5.96	5.91	5.86	5.80	5.77	5.75	5.72	5.69	5.66	5.63
5	6.61	5.79	5.41	5.19	5.05	4.95	4.88	4.82	4.77	4.74	4.68	4.62	4.56	4.53	4.50	4.46	4.43	4.40	4.36
6	5.99	5.14	4.76	4.53	4.39	4.28	4.21	4.15	4.10	4.06	4.00	3.94	3.87	3.84	3.81	3.77	3.74	3.70	3.67
7	5.59	4.74	4.35	4.12	3.97	3.87	3.79	3.73	3.68	3.64	3.57	3.51	3.44	3.41	3.38	3.34	3.30	3.27	3.23
8	5.32	4.46	4.07	3.84	3.69	3.58	3.50	3.44	3.39	3.35	3.28	3.22	3.15	3.12	3.08	3.04	3.01	2.97	2.93
9	5.12	4.26	3.86	3.63	3.48	3.37	3.29	3.23	3.18	3.14	3.07	3.01	2.94	2.90	2.86	2.83	2.79	2.75	2.71
10	4.96	4.10	3.71	3.48	3.33	3.22	3.14	3.07	3.02	2.98	2.91	2.85	2.77	2.74	2.70	2.66	2.62	2.58	2.54
11	4.84	3.98	3.59	3.36	3.20	3.09	3.01	2.95	2.90	2.85	2.79	2.72	2.65	2.61	2.57	2.53	2.49	2.45	2.40
12	4.75	3.89	3.49	3.26	3.11	3.00	2.91	2.85	2.80	2.75	2.69	2.62	2.54	2.51	2.47	2.43	2.38	2.34	2.30
13	4.67	3.81	3.41	3.18	3.03	2.92	2.83	2.77	2.71	2.67	2.60	2.53	2.46	2.42	2.38	2.34	2.30	2.25	2.21
14	4.60	3.74	3.34	3.11	2.96	2.85	2.76	2.70	2.65	2.60	2.53	2.46	2.39	2.35	2.31	2.27	2.22	2.18	2.13
15	4.54	3.68	3.29	3.06	2.90	2.79	2.71	2.64	2.59	2.54	2.48	2.40	2.33	2.29	2.25	2.20	2.16	2.11	2.07
16	4.49	3.63	3.24	3.01	2.85	2.74	2.66	2.59	2.54	2.49	2.42	2.35	2.28	2.24	2.19	2.15	2.11	2.06	2.01
17	4.45	3.59	3.20	2.96	2.81	2.70	2.61	2.55	2.49	2.45	2.38	2.31	2.23	2.19	2.15	2.10	2.06	2.01	1.96
18	4.41	3.55	3.16	2.93	2.77	2.66	2.58	2.51	2.46	2.41	2.34	2.27	2.19	2.15	2.11	2.06	2.02	1.97	1.92
19	4.38	3.52	3.13	2.90	2.74	2.63	2.54	2.48	2.42	2.38	2.31	2.23	2.16	2.11	2.07	2.03	1.98	1.93	1.88
20	4.35	3.49	3.10	2.87	2.71	2.60	2.51	2.45	2.39	2.35	2.28	2.20	2.12	2.08	2.04	1.99	1.95	1.90	1.84
21	4.32	3.47	3.07	2.84	2.68	2.57	2.49	2.42	2.37	2.32	2.25	2.18	2.10	2.05	2.01	1.96	1.92	1.87	1.81
22	4.30	3.44	3.05	2.82	2.66	2.55	2.46	2.40	2.34	2.30	2.23	2.15	2.07	2.03	1.98	1.94	1.89	1.84	1.78
23	4.28	3.42	3.03	2.80	2.64	2.53	2.44	2.37	2.32	2.27	2.20	2.13	2.05	2.01	1.96	1.91	1.86	1.81	1.76
24	4.26	3.40	3.01	2.78	2.62	2.51	2.42	2.36	2.30	2.25	2.18	2.11	2.03	1.98	1.94	1.89	1.84	1.79	1.73
25	4.24	3.39	2.99	2.76	2.60	2.49	2.40	2.34	2.28	2.24	2.16	2.09	2.01	1.96	1.92	1.87	1.82	1.77	1.71
26	4.23	3.37	2.98	2.74	2.59	2.47	2.39	2.32	2.27	2.22	2.15	2.07	1.99	1.95	1.90	1.85	1.80	1.75	1.69
27	4.21	3.35	2.96	2.73	2.57	2.46	2.37	2.31	2.25	2.20	2.13	2.06	1.97	1.93	1.88	1.84	1.79	1.73	1.67
28	4.20	3.34	2.95	2.71	2.56	2.45	2.36	2.29	2.24	2.19	2.12	2.04	1.96	1.91	1.87	1.82	1.77	1.71	1.65
29	4.18	3.33	2.93	2.70	2.55	2.43	2.35	2.28	2.22	2.18	2.10	2.03	1.94	1.90	1.85	1.81	1.75	1.70	1.64
30	4.17	3.32	2.92	2.69	2.53	2.42	2.33	2.27	2.21	2.16	2.09	2.01	1.93	1.89	1.84	1.79	1.74	1.68	1.62
40	4.08	3.23	2.84	2.61	2.45	2.34	2.25	2.18	2.12	2.08	2.00	1.92	1.84	1.79	1.74	1.69	1.64	1.58	1.51
60	4.00	3.15	2.76	2.53	2.37	2.25	2.17	2.10	2.04	1.99	1.92	1.84	1.75	1.70	1.65	1.59	1.53	1.47	1.39
120	3.92	3.07	2.68	2.45	2.29	2.17	2.09	2.02	1.96	1.91	1.83	1.75	1.66	1.61	1.55	1.50	1.43	1.35	1.25
∞	3.84	3.00	2.60	2.37	2.21	2.10	2.01	1.94	1.88	1.83	1.75	1.67	1.57	1.52	1.46	1.39	1.32	1.22	1.00

0.05

表6の2 F分布の表（1％点）

$\phi_2 \backslash \phi_1$	1	2	3	4	5	6	7	8	9	10	12	15	20	24	30	40	60	120	∞
1	4050	5000	5400	5620	5760	5860	5930	5980	6020	6060	6110	6160	6210	6230	6260	6290	6210	6340	6370
2	98.5	99.0	99.2	99.2	99.3	99.3	99.4	99.4	99.4	99.4	99.4	99.4	99.4	99.5	99.5	99.5	99.5	99.5	99.5
3	34.1	30.8	29.5	28.7	28.2	27.9	27.7	27.5	27.3	27.2	27.1	26.9	26.7	26.6	26.5	26.4	26.3	26.2	26.1
4	21.2	18.0	16.7	16.0	15.5	15.2	15.0	14.8	14.7	14.5	14.4	14.2	14.0	13.9	13.8	13.7	13.7	13.6	13.5
5	16.3	13.3	12.1	11.4	11.0	10.7	10.5	10.3	10.2	10.1	9.89	9.72	9.55	9.47	9.38	9.29	9.20	9.11	9.02
6	13.7	10.9	9.78	9.15	8.75	8.47	8.26	8.10	7.98	7.87	7.72	7.56	7.40	7.31	7.23	7.14	7.06	6.97	6.88
7	12.2	9.55	8.45	7.85	7.46	7.19	6.99	6.84	6.72	6.62	6.47	6.31	6.16	6.07	5.99	5.91	5.82	5.74	5.65
8	11.3	8.65	7.59	7.01	6.63	6.37	6.18	6.03	5.91	5.81	5.67	5.52	5.36	5.28	5.20	5.12	5.03	4.95	4.86
9	10.6	8.02	6.99	6.42	6.06	5.80	5.61	5.47	5.35	5.26	5.11	4.96	4.81	4.73	4.65	4.57	4.48	4.40	4.31
10	10.0	7.56	6.55	5.99	5.64	5.39	5.20	5.06	4.94	4.85	4.71	4.56	4.41	4.33	4.25	4.17	4.08	4.00	3.91
11	9.65	7.21	6.22	5.67	5.32	5.07	4.89	4.74	4.63	4.54	4.40	4.25	4.10	4.02	3.94	3.86	3.78	3.69	3.60
12	9.33	6.93	5.95	5.41	5.06	4.82	4.64	4.50	4.39	4.30	4.16	4.01	3.86	3.78	3.70	3.62	3.54	3.45	3.36
13	9.07	6.70	5.74	5.21	4.86	4.62	4.44	4.30	4.19	4.10	3.96	3.82	3.66	3.59	3.51	3.43	3.34	3.25	3.17
14	8.86	6.51	5.56	5.04	4.69	4.46	4.28	4.14	4.03	3.94	3.80	3.66	3.51	3.43	3.35	3.27	3.18	3.09	3.00
15	8.68	6.36	5.42	4.89	4.56	4.32	4.14	4.00	3.89	3.80	3.67	3.52	3.37	3.29	3.21	3.13	3.05	2.96	2.87
16	8.53	6.23	5.29	4.77	4.44	4.20	4.03	3.89	3.78	3.69	3.55	3.41	3.26	3.18	3.10	3.02	2.93	2.84	2.75
17	8.40	6.11	5.18	4.67	4.34	4.10	3.93	3.79	3.68	3.59	3.46	3.31	3.16	3.08	3.00	2.92	2.83	2.75	2.65
18	8.29	6.01	5.09	4.58	4.25	4.01	3.84	3.71	3.60	3.51	3.37	3.23	3.08	3.00	2.92	2.84	2.75	2.66	2.57
19	8.18	5.93	5.01	4.50	4.17	3.94	3.77	3.63	3.52	3.43	3.30	3.15	3.00	2.92	2.84	2.76	2.67	2.58	2.49
20	8.10	5.85	4.94	4.43	4.10	3.87	3.70	3.56	3.46	3.37	3.23	3.09	2.94	2.86	2.78	2.69	2.61	2.52	2.42
21	8.02	5.78	4.87	4.37	4.04	3.81	3.64	3.51	3.40	3.31	3.17	3.03	2.88	2.80	2.72	2.64	2.55	2.46	2.36
22	7.95	5.72	4.82	4.31	3.99	3.76	3.59	3.45	3.35	3.26	3.12	2.98	2.83	2.75	2.67	2.58	2.50	2.40	2.31
23	7.88	5.66	4.76	4.26	3.94	3.71	3.54	3.41	3.30	3.21	3.07	2.93	2.78	2.70	2.62	2.54	2.45	2.35	2.26
24	7.82	5.61	4.72	4.22	3.90	3.67	3.50	3.36	3.26	3.17	3.03	2.89	2.74	2.66	2.58	2.49	2.40	2.31	2.21
25	7.77	5.57	4.68	4.18	3.85	3.63	3.46	3.32	3.22	3.13	2.99	2.85	2.70	2.62	2.54	2.45	2.36	2.27	2.17
26	7.72	5.53	4.64	4.14	3.82	3.59	3.42	3.29	3.18	3.09	2.96	2.81	2.66	2.58	2.50	2.42	2.33	2.23	2.13
27	7.68	5.49	4.60	4.11	3.78	3.56	3.39	3.26	3.15	3.06	2.93	2.78	2.63	2.55	2.47	2.38	2.29	2.20	2.10
28	7.64	5.45	4.57	4.07	3.75	3.53	3.36	3.23	3.12	3.03	2.90	2.75	2.60	2.52	2.44	2.35	2.26	2.17	2.06
29	7.60	5.42	4.54	4.04	3.73	3.50	3.33	3.20	3.09	3.00	2.87	2.73	2.57	2.49	2.41	2.33	2.23	2.14	2.03
30	7.56	5.39	4.51	4.02	3.70	3.47	3.30	3.17	3.07	2.98	2.84	2.70	2.55	2.47	2.39	2.30	2.21	2.11	2.01
40	7.31	5.18	4.31	3.83	3.51	3.29	3.12	2.99	2.89	2.80	2.66	2.52	2.37	2.29	2.20	2.11	2.02	1.92	1.80
60	7.08	4.98	4.13	3.65	3.34	3.12	2.95	2.82	2.72	2.63	2.50	2.35	2.20	2.12	2.03	1.94	1.84	1.73	1.60
120	6.85	4.79	3.95	3.48	3.17	2.96	2.79	2.66	2.56	2.47	2.34	2.19	2.03	1.95	1.86	1.76	1.66	1.53	1.38
∞	6.63	4.61	3.78	3.32	3.02	2.80	2.64	2.51	2.41	2.32	2.18	2.04	1.88	1.79	1.70	1.59	1.47	1.32	1.00

表6の3 F分布の表 (2.5%点)

ϕ_2\ϕ_1	1	2	3	4	5	6	7	8	9	10	12	15	20	24	30	40	60	120	∞
1	648	800	864	900	922	937	948	957	963	969	977	985	993	997	1000	1010	1010	1010	1020
2	38.5	39.0	39.2	39.2	39.3	39.3	39.4	39.4	39.4	39.4	39.4	39.4	39.4	39.5	39.5	39.5	39.5	39.5	39.5
3	17.4	16.0	15.4	15.1	14.9	14.7	14.6	14.5	14.5	14.4	14.4	14.3	14.2	14.1	14.1	14.0	14.0	13.9	13.9
4	12.2	10.6	9.98	9.60	9.36	9.20	9.07	8.98	8.90	8.84	8.75	8.66	8.56	8.51	8.46	8.41	8.36	8.31	8.26
5	10.0	8.43	7.76	7.39	7.15	6.98	6.85	6.76	6.68	6.62	6.52	6.43	6.33	6.28	6.23	6.18	6.12	6.07	6.02
6	8.81	7.26	6.60	6.23	5.99	5.82	5.70	5.60	5.52	5.46	5.37	5.27	5.17	5.12	5.07	5.01	4.96	4.90	4.85
7	8.07	6.54	5.89	5.52	5.29	5.12	4.99	4.90	4.82	4.76	4.67	4.57	4.47	4.42	4.36	4.31	4.25	4.20	4.14
8	7.57	6.06	5.42	5.05	4.82	4.65	4.53	4.43	4.36	4.30	4.20	4.10	4.00	3.95	3.89	3.84	3.78	3.73	3.67
9	7.21	5.71	5.08	4.72	4.48	4.32	4.20	4.10	4.03	3.96	3.87	3.77	3.67	3.61	3.56	3.51	3.45	3.39	3.33
10	6.94	5.46	4.83	4.47	4.24	4.07	3.95	3.85	3.78	3.72	3.62	3.52	3.42	3.37	3.31	3.26	3.20	3.14	3.08
11	6.72	5.26	4.63	4.28	4.04	3.88	3.76	3.66	3.59	3.53	3.43	3.33	3.23	3.17	3.12	3.06	3.00	2.94	2.88
12	6.55	5.10	4.47	4.12	3.89	3.73	3.61	3.51	3.44	3.37	3.28	3.18	3.07	3.02	2.96	2.91	2.85	2.79	2.72
13	6.41	4.97	4.35	4.00	3.77	3.60	3.48	3.39	3.31	3.25	3.15	3.05	2.95	2.89	2.84	2.78	2.72	2.66	2.60
14	6.30	4.86	4.24	3.89	3.66	3.50	3.38	3.29	3.21	3.15	3.05	2.95	2.84	2.79	2.73	2.67	2.61	2.55	2.49
15	6.20	4.77	4.15	3.80	3.58	3.41	3.29	3.20	3.12	3.06	2.96	2.86	2.76	2.70	2.64	2.59	2.52	2.46	2.40
16	6.12	4.69	4.08	3.73	3.50	3.34	3.22	3.12	3.05	2.99	2.89	2.79	2.68	2.63	2.57	2.51	2.45	2.38	2.32
17	6.04	4.62	4.01	3.66	3.44	3.28	3.16	3.06	2.98	2.92	2.82	2.72	2.62	2.56	2.50	2.44	2.38	2.32	2.25
18	5.98	4.56	3.95	3.61	3.38	3.22	3.10	3.01	2.93	2.87	2.77	2.67	2.56	2.50	2.44	2.38	2.32	2.26	2.19
19	5.92	4.51	3.90	3.56	3.33	3.17	3.05	2.96	2.88	2.82	2.72	2.62	2.51	2.45	2.39	2.33	2.27	2.20	2.13
20	5.87	4.46	3.86	3.51	3.29	3.13	3.01	2.91	2.84	2.77	2.68	2.57	2.46	2.41	2.35	2.29	2.22	2.16	2.09
21	5.83	4.42	3.82	3.48	3.25	3.09	2.97	2.87	2.80	2.73	2.64	2.53	2.42	2.37	2.31	2.25	2.18	2.11	2.04
22	5.79	4.38	3.78	3.44	3.22	3.05	2.93	2.84	2.76	2.70	2.60	2.50	2.39	2.33	2.27	2.21	2.14	2.08	2.00
23	5.75	4.35	3.75	3.41	3.18	3.02	2.90	2.81	2.73	2.67	2.57	2.47	2.36	2.30	2.24	2.18	2.11	2.04	1.97
24	5.72	4.32	3.72	3.38	3.15	2.99	2.87	2.78	2.70	2.64	2.54	2.44	2.33	2.27	2.21	2.15	2.08	2.01	1.94
25	5.69	4.29	3.69	3.35	3.13	2.97	2.85	2.75	2.68	2.61	2.51	2.41	2.30	2.24	2.18	2.12	2.05	1.98	1.91
26	5.66	4.27	3.67	3.33	3.10	2.94	2.82	2.73	2.65	2.59	2.49	2.39	2.28	2.22	2.16	2.09	2.03	1.95	1.88
27	5.63	4.24	3.65	3.31	3.08	2.92	2.80	2.71	2.63	2.57	2.47	2.36	2.25	2.19	2.13	2.07	2.00	1.93	1.85
28	5.61	4.22	3.63	3.29	3.06	2.90	2.78	2.69	2.61	2.55	2.45	2.34	2.23	2.17	2.11	2.05	1.98	1.91	1.83
29	5.59	4.20	3.61	3.27	3.04	2.88	2.76	2.67	2.59	2.53	2.43	2.32	2.21	2.15	2.09	2.03	1.96	1.89	1.81
30	5.57	4.18	3.59	3.25	3.03	2.87	2.75	2.65	2.57	2.51	2.41	2.31	2.20	2.14	2.07	2.01	1.94	1.87	1.79
40	5.42	4.05	3.46	3.13	2.90	2.74	2.62	2.53	2.45	2.39	2.29	2.18	2.07	2.01	1.94	1.88	1.80	1.72	1.64
60	5.29	3.93	3.34	3.01	2.79	2.63	2.51	2.41	2.33	2.27	2.17	2.06	1.94	1.88	1.82	1.74	1.67	1.58	1.48
120	5.15	3.80	3.23	2.89	2.67	2.52	2.39	2.30	2.22	2.16	2.05	1.94	1.82	1.76	1.69	1.61	1.53	1.43	1.31
∞	5.02	3.69	3.12	2.79	2.57	2.41	2.29	2.19	2.11	2.05	1.94	1.83	1.71	1.64	1.57	1.48	1.39	1.27	1.00

0.025

表6の4　F分布の表（0.5％点）

ϕ_1 \ ϕ_2	1	2	3	4	5	6	7	8	9	10	12	15	20	24	30	40	60	120	∞
1	16200	20000	21600	22500	23100	23400	23700	23900	24100	24200	24400	24600	24800	24900	25000	25100	25300	25400	25500
2	199	199	199	199	199	199	199	199	199	199	199	199	199	199	199	199	199	199	200
3	55.6	49.8	47.5	46.2	45.4	44.8	44.4	44.1	43.9	43.7	43.4	43.1	42.8	42.6	42.5	42.3	42.1	42.0	41.8
4	31.3	26.3	24.3	23.2	22.5	22.0	21.6	21.4	21.1	21.0	20.7	20.4	20.2	20.0	19.9	19.8	19.6	19.5	19.3
5	22.8	18.3	16.3	15.6	14.9	14.5	14.2	14.0	13.8	13.6	13.4	13.1	12.9	12.8	12.7	12.5	12.4	12.3	12.1
6	18.6	14.5	12.9	12.0	11.5	11.1	10.8	10.6	10.4	10.3	10.0	9.81	9.59	9.47	9.36	9.24	9.12	9.00	8.88
7	16.2	12.4	10.9	10.1	9.52	9.16	8.89	8.68	8.51	8.38	8.18	7.97	7.75	7.65	7.53	7.42	7.31	7.19	7.08
8	14.7	11.0	9.60	8.81	8.30	7.95	7.69	7.50	7.34	7.21	7.01	6.81	6.61	6.50	6.40	6.29	6.18	6.06	5.95
9	13.6	10.1	8.72	7.96	7.47	7.13	6.88	6.69	6.54	6.42	6.23	6.03	5.83	5.73	5.62	5.52	5.41	5.30	5.19
10	12.8	9.43	8.08	7.34	6.87	6.54	6.30	6.12	5.97	5.85	5.66	5.47	5.27	5.17	5.07	4.97	4.86	4.75	4.64
11	12.2	8.91	7.60	6.88	6.42	6.10	5.86	5.68	5.54	5.42	5.24	5.05	4.86	4.76	4.65	4.55	4.44	4.34	4.23
12	11.8	8.51	7.23	6.52	6.07	5.76	5.52	5.35	5.20	5.09	4.91	4.72	4.53	4.43	4.33	4.23	4.12	4.01	3.90
13	11.4	8.19	6.93	6.23	5.79	5.48	5.25	5.08	4.94	4.82	4.64	4.46	4.27	4.17	4.07	3.97	3.87	3.76	3.65
14	11.1	7.92	6.68	6.00	5.56	5.26	5.03	4.86	4.72	4.60	4.43	4.25	4.06	3.96	3.86	3.76	3.66	3.55	3.44
15	10.8	7.70	6.48	5.80	5.37	5.07	4.85	4.67	4.54	4.42	4.25	4.07	3.88	3.79	3.69	3.58	3.48	3.37	3.26
16	10.6	7.51	6.30	5.64	5.21	4.91	4.69	4.52	4.38	4.27	4.10	3.92	3.73	3.64	3.54	3.44	3.33	3.22	3.11
17	10.4	7.35	6.16	5.50	5.07	4.78	4.56	4.39	4.25	4.14	3.97	3.79	3.61	3.51	3.41	3.31	3.21	3.10	2.98
18	10.2	7.21	6.03	5.37	4.96	4.66	4.44	4.28	4.14	4.03	3.86	3.68	3.50	3.40	3.30	3.20	3.10	2.99	2.87
19	10.1	7.09	5.92	5.27	4.85	4.56	4.34	4.18	4.04	3.93	3.76	3.59	3.40	3.31	3.21	3.11	3.00	2.89	2.78
20	9.94	6.99	5.82	5.17	4.76	4.47	4.26	4.09	3.96	3.85	3.68	3.50	3.32	3.22	3.12	3.02	2.92	2.81	2.69
21	9.83	6.89	5.73	5.09	4.68	4.39	4.18	4.01	3.88	3.77	3.60	3.43	3.24	3.15	3.05	2.95	2.84	2.73	2.61
22	9.73	6.81	5.65	5.02	4.61	4.32	4.11	3.94	3.81	3.70	3.54	3.36	3.18	3.08	2.98	2.88	2.77	2.66	2.55
23	9.63	6.73	5.58	4.95	4.54	4.26	4.05	3.88	3.75	3.64	3.47	3.30	3.12	3.02	2.92	2.82	2.71	2.60	2.48
24	9.55	6.66	5.52	4.89	4.49	4.20	3.99	3.83	3.69	3.59	3.42	3.25	3.06	2.97	2.87	2.77	2.66	2.55	2.43
25	9.48	6.60	5.46	4.84	4.43	4.15	3.94	3.78	3.64	3.54	3.37	3.20	3.01	2.92	2.82	2.72	2.61	2.50	2.38
26	9.41	6.54	5.41	4.79	4.38	4.10	3.89	3.73	3.60	3.49	3.33	3.15	2.97	2.87	2.77	2.67	2.56	2.45	2.33
27	9.34	6.49	5.36	4.74	4.34	4.06	3.85	3.69	3.56	3.45	3.28	3.11	2.93	2.83	2.73	2.63	2.52	2.41	2.29
28	9.28	6.44	5.32	4.70	4.30	4.02	3.81	3.65	3.52	3.41	3.25	3.07	2.89	2.79	2.69	2.59	2.48	2.37	2.25
29	9.23	6.40	5.28	4.66	4.26	3.98	3.77	3.61	3.48	3.38	3.21	3.04	2.86	2.76	2.66	2.56	2.45	2.33	2.21
30	9.18	6.35	5.24	4.62	4.23	3.95	3.74	3.58	3.45	3.34	3.18	3.01	2.82	2.73	2.63	2.52	2.42	2.30	2.18
40	8.83	6.07	4.98	4.37	3.99	3.71	3.51	3.35	3.22	3.12	2.95	2.78	2.60	2.50	2.40	2.30	2.18	2.06	1.93
60	8.49	5.79	4.73	4.14	3.76	3.49	3.29	3.13	3.01	2.90	2.74	2.57	2.39	2.29	2.19	2.08	1.96	1.83	1.69
120	8.18	5.54	4.50	3.92	3.55	3.28	3.09	2.93	2.81	2.71	2.54	2.37	2.19	2.09	1.98	1.87	1.75	1.61	1.43
∞	7.88	5.30	4.28	3.72	3.35	3.09	2.90	2.74	2.62	2.52	2.36	2.19	2.00	1.90	1.79	1.67	1.53	1.36	1.00

表7　z 変換図表

表 8
r 表

ϕ \ α	0.10	0.05	0.02	0.01
10	.497	.576	.658	.708
15	.412	.482	.558	.606
20	.360	.423	.492	.537
25	.323	.381	.445	.487
30	.296	.350	.409	.449
40	.257	.304	.358	.393
50	.231	.273	.322	.354
60	.211	.250	.295	.325
70	.195	.232	.274	.302
80	.183	.217	.257	.283
90	.173	.205	.212	.267
100	.161	.195	.230	.254
近似式	$\dfrac{1.615}{\sqrt{\phi+1}}$	$\dfrac{1.960}{\sqrt{\phi+1}}$	$\dfrac{2.326}{\sqrt{\phi+2}}$	$\dfrac{2.576}{\sqrt{\phi+3}}$

ただし $\phi = n-2$

表 9

Wilcoxon の順位和の検定の限界値

$\alpha = 0.025$ (下側)

n \ m	1	2	3	4	5	6	7	8	9	10	11	12	13	14	15	16	17	18	19	20
1	—																			
2	—	—																		
3	—	—	—																	
4	—	—	—	10																
5	—	—	6	11	17															
6	—	—	7	12	18	26														
7	—	—	7	13	20	27	36													
8	—	3	8	14	21	29	38	49												
9	—	3	8	14	22	31	40	51	62											
10	—	3	9	15	23	32	42	53	65	78										
11	—	3	9	16	24	34	44	55	68	81	96									
12	—	4	10	17	26	35	46	58	71	84	99	115								
13	—	4	10	18	27	37	48	60	73	88	103	119	136							
14	—	4	11	19	28	38	50	62	76	91	106	123	141	160						
15	—	4	11	20	29	40	52	65	79	94	110	127	145	164	184					
16	—	4	12	21	30	42	54	67	82	97	113	131	150	169	190	211				
17	—	5	12	21	32	43	56	70	84	100	117	135	154	174	195	217	240			
18	—	5	13	22	33	45	58	72	87	103	121	139	158	179	200	222	246	270		
19	—	5	13	23	34	46	60	74	90	107	124	143	163	183	205	228	252	277	303	
20	—	5	14	24	35	48	62	77	93	110	128	147	167	188	210	234	258	283	309	337

$\alpha = 0.025$ (上側)

m\n	1	2	3	4	5	6	7	8	9	10	11	12	13	14	15	16	17	18	19	20
1	—																			
2	—	—																		
3	—	—	—																	
4	—	—	—	26																
5	—	—	21	29	38															
6	—	—	23	32	42	52														
7	—	—	26	35	45	57	69													
8	—	19	28	38	49	61	74	87												
9	—	21	31	42	53	65	79	93	109											
10	—	23	33	45	57	70	84	99	115	132										
11	—	25	36	48	61	74	89	105	121	139	157									
12	—	26	38	51	64	79	94	110	127	146	165	185								
13	—	28	41	54	68	83	99	116	134	152	172	193	215							
14	—	30	43	57	72	88	104	122	140	159	180	201	223	246						
15	—	32	46	60	76	92	109	127	146	166	187	209	232	256	281					
16	—	34	48	63	80	96	114	133	152	173	195	217	240	265	290	317				
17	—	35	51	67	83	101	119	138	159	180	202	225	249	274	300	327	355			
18	—	37	53	70	87	105	124	144	165	187	209	233	258	283	310	338	366	396		
19	—	39	56	73	91	110	129	150	171	193	217	241	266	293	320	348	377	407	438	
20	—	41	58	76	95	114	134	155	177	200	224	249	275	302	330	358	388	419	451	483

さくいん

あ行

F 分布 ……98
OC 曲線 ……73

か行

回帰 ……119
回帰分析 ……124
カイ二乗分布……86
確率……19
確率変数……26
仮説検定……62
片側検定……69
カテゴリーデータ ……8
棄却……63
帰無仮説……63
期待値……26
記述統計 ……1
区間推定……52
クラスター・サンプリング ……6
系統的サンプリング ……6
計量データ ……9
検出力……73
Kendall の順位相関係数 ……146
誤差変動 ……105

さ行

最小二乗法 ……119
サンプル ……2
サンプルの大きさ ……3
自由度……77
事象……19
信頼度（信頼係数）……53
順位データ ……9
推定……50
Scheffe の検定 ……111
推測統計 ……1
水準 ……104
水準間変動 ……105
Spearman の順位相関係数 ……145
正規近似……46
正規分布……40
正規分布表……41
尖度……17
全数調査 ……3
相対度数分布……11
z 変換 ……137
層別サンプリング ……6
総変動 ……105
相関 ……123

た行

第 1 種の過誤……65
第 2 種の過誤……65
代表値……12
対立仮説……63
中心極限定理……54
t 分布 ……75
適合度検定……89
点推定……50
統計量……31
度数分布……10
独立……24

な行

二項分布……84
ノンパラメトリック検定 ……140

は行

排反……22
範囲……14
標準正規分布……40
標本 ……3
標本空間……21
非復元抽出 ……5
標準偏差……15
ヒストグラム……10
符号検定 ……141
復元抽出 ……5
不偏推定量……51
分割表……92
分散……14
分散分析 ……103
偏差値……46
平均値……13
偏差平方和……15
変動係数……15
母数……31
母集団 ……2
母集団分布……29
ポアソン分布……36

ま行

メディアン……13
モード……12

や行

有意水準……65

ら行

ランダムサンプリング ……4
離散分布……33
両側検定……67
連続分布……37

わ行

歪度……16
Wilcoxon の順位和検定 ……143

MEMO

著者紹介：

田畑 吉雄（たばた・よしお）

1943 年　京都市に生まれる
1971 年　京都大学大学院工学研究科 博士課程修了。工学博士。
大阪大学名誉教授

■著書
- 線型計画法（訳），現代数学社
- 多変量解析入門（共訳），培風館

初学者の統計学　実践②

2025 年 1 月 21 日　　初版第 1 刷発行

著　者	田畑吉雄	
発行者	富田　淳	
発行所	株式会社　現代数学社	
	〒606-8425 京都市左京区鹿ヶ谷西寺ノ前町1	
	TEL 075 (751) 0727　FAX 075 (744) 0906	
	https://www.gensu.co.jp/	
装　幀	中西真一（株式会社 CANVAS）	
印刷・製本	有限会社 ニシダ印刷製本	

ISBN 978-4-7687-0654-1　　　　　　　　　　　　　　Printed in Japan

- 落丁・乱丁は送料小社負担でお取替え致します．
- 本書のコピー、スキャン、デジタル化等の無断複製は著作権法上での例外を除き禁じられています。本書を代行業者等の第三者に依頼してスキャンやデジタル化することは、たとえ個人や家庭内での利用であっても一切認められておりません。

Ⓒ Yoshio Tabata